彭程的优美人生

开酥宝典

• 彭 程 主编

Pâte levée feuilletée & Pâte feuilletée

中国轻工业出版社

图书在版编目（CIP）数据

开酥宝典 / 彭程主编. —北京：中国轻工业出版社，2023.11

ISBN 978-7-5184-4573-8

Ⅰ.①开… Ⅱ.①彭… Ⅲ.①面食—食谱 Ⅳ.①TS972.132

中国国家版本馆CIP数据核字（2023）第185986号

责任编辑：王晓琛　　责任终审：劳国强　　封面设计：伍毓泉
版式设计：锋尚设计　　责任校对：朱燕春　　责任监印：张京华

出版发行：中国轻工业出版社（北京东长安街6号，邮编：100740）
印　　刷：天津图文方嘉印刷有限公司
经　　销：各地新华书店
版　　次：2023年11月第1版第1次印刷
开　　本：787×1092　1/16　印张：15
字　　数：500千字
书　　号：ISBN 978-7-5184-4573-8　定价：188.00元
邮购电话：010-65241695
发行电话：010-85119835　传真：85113293
网　　址：http://www.chlip.com.cn
Email：club@chlip.com.cn
如发现图书残缺请与我社邮购联系调换
230958S1X101ZBW

编委会

推荐序——致充满热情的烘焙工作者

能为才华横溢的朋友和同行——彭酱[1]（**ぽんちゃん**）的新作送上祝福，对我来说真是荣幸无比。这本长达 200 多页的新书专注于酥皮类烘焙产品，以精美的照片为伴，详细介绍了作为欧洲饮食文化一部分的甜点和面包的制作过程。

她在创办糕点学校取得的成功和教学能力，也在这本书中得到了充分的体现，希望年轻糕点师和面包师的创意能被这本充满工匠激情的书所激发，并把西式饮食文化带到中国。

最重要的是，这本著作将为同行的知识提升做出贡献，使之得以传承，我也更希望这个美妙的职业能够永远延续下去。请大家充分利用这本书。

作为同行，我向作者出色的工作致以崇高的敬意。谢谢你，亲爱的彭酱！

现代名匠
日本洋果子联合会技术指导委员长
Patisserie Noliette 首席面点师
永井纪之（Noriyuki Nagai）

---

1 彭酱即彭女士。“ちゃん”在日语中多用于年轻女士或小孩，用来表达亲近、亲昵之情，此处音译成“酱”是为了保留作序者对作者的亲近之意。

自序

今年四月份的时候我到巴黎，又去探望了我的烘焙启蒙老师阿兰·纪尧姆（Alain Guillaumin），他是我职业生涯里最重要的人之一。当我被众多实力竞争者淹没在学校的录取候补名单里时，他毅然选择了我；当我站在意向工作单位门前自卑徘徊的时候，他亲笔帮我写了推荐信；在我后来的职业生涯中，每一份求教信都能收到他的认真回复。

他说，当年我面试时那倔强和对职业前途充满信心的眼神，让他很想看看这个女孩对梦想有多么坚持。然而他并不知道，其实曾经的我并不是一个拥有梦想的人。和同时代的大多数人一样，我机械地学习、高考、读研、出国……按部就班地进行着自己的人生，读的专业是否热门是我们选择的唯一方向。直到遇见烘焙，梦想的种子才在我心中悄然种下。那时我还年轻，“让中国人都吃到纯正健康的烘焙产品”的梦想无畏而轻狂，值得庆幸的是，近20年了，我始终在坚持着。

2011年，我建立了专业法式西点培训教室；2014年，我邀请了法国的面包MOF[1]和面包世界冠军来中国开设面包大师课；2016年，我们正式成立彭程面包烘焙学院，设计有自己特色的面包理论和课程体系。这十几年，彭程西式餐饮学校见证过几万名内心同样为烘焙梦想沸腾的学生拾起行囊奔向我，我也希望我职业的理念与无畏能通过他们在中国大地上落地生根，看着他们的门店和产品遍布全国的各个城市以及世界上的很多国家。

我们也不再仅仅是一个现代烘焙职业教育的拓荒者，这些年在国内所有同行的努力下，我们同时也看到了胜利的果实。比如我们国内的西点和面包制作技术相比十几年前发生了翻天覆地的变化，国内消费者购买的烘焙产品品质已经开始比肩世界上任何发达国家；比如彭程西式餐饮学校已经不再是孤独的一家，而是国内众多烘焙培训机构里更值得信任的一家。这应该是对当年那个拥有轻狂梦想的我最好的慰藉吧。

今年我有三本书出版，分别是已经出版的《法式甜点》《面包宝典》，以及即将出版的这本《开酥宝典》。实际上按原计划今年是只有前两本书要出版的，增加了《开酥宝典》，是由于录制探店视频的原因。上半年我探访了巴黎30余家、上海50余家以及全国其他城市的众多烘焙店铺。我发现作为这两年来最受消费者欢迎的酥皮类产品除了极个别非常优秀的品牌以外，可以说绝大部分的门店出品都还处于较低水平。于是在充分分析市场现状和消费者需求的基础上，我抽调出研发团队中的部分骨干：陈霏、杨雄森、冷辉红以及韩宇，我们一起用了3个多月的时间反复实验，研发新的创意配方，再加上部分课堂经典产品一起，终于完成书稿。

为什么要出书？为什么要办学？我仔细想了想，往小处说，人总要养家糊口，往大了说，一切不过是执拗地在追逐心中理想的道路上做的本阶段应该做的事情罢了。我实在是一个执拗的人，是拥有着“理想一定可以实现”想法的大无畏的人，也是一个总愿意活在自己构建的精神世界中的人。所以现阶段无论自己在做哪件事，出书、讲课、做自媒体……无非就是希望过了很多很多年回望来路的时候，可以了无遗憾地对自己说，我为我所爱的世界执着过，我为我心中的梦想踏踏实实去努力过，更为我可以成为我孩子们心中的榜样而不懈奋斗过。

感谢一路上支持我的人和我亲爱的学生们，感谢我强大的技术团队，感谢本书所有的编委会成员，感谢有你们！

1 MOF是“Meilleur Ouvrier de France”的缩写，其全称可直译为“法国最佳手工业者”。

彭程简介

中华人民共和国第一、第二届职业技能大赛·裁判员
第 23、24 届全国焙烤职业技能竞赛上海赛·裁判长
长沙市第一届职业技能大赛·裁判长
广西壮族自治区第二届职业技能大赛·裁判长
世界巧克力大师赛巴黎决赛·裁判员
FHC 国际甜品烘焙大赛·裁判员
国家职业焙烤技能竞赛·裁判员
第五届西点亚洲杯中国选拔赛·裁判员
国家级糕点、烘焙工·一级 / 高级技师
国家职业技能等级能力评价·质量督导员
法国 CAP 职业西点师
彭程西式餐饮学校创始人
长安开元教育集团研发总监
法国米其林餐厅·西点师
中欧国际工商学院 EMBA 硕士
已出版作品:《法式甜点》《面包宝典》

目录

基础知识

基础面团

面包类开酥配方

甜点类开酥配方

基础知识

关于发酵起酥面团

可颂面包的工艺流程

1. 用冰水搅拌面团，搅拌至面筋扩展，面温 22 ~ 26℃（面温不宜过高，方便后续操作）。

2. 面团滚圆，密封放置于室温环境下松弛 25 ~ 30 分钟。

3. 把面团用开酥机压至合适大小的方形，密封放入冷冻冰箱 30 分钟，转冷藏冰箱隔夜存放。

4. 片状黄油提前在室温环境下放置约半小时，压至面团的 1/2 大小备用。

5. 从冷藏冰箱中取出面团，确保面团和片状黄油软硬一致，然后用面团把黄油包裹起来。

6. 用开酥机把面团压薄，把面团折一次 4 折和一次 3 折，然后密封包裹，放入冷冻冰箱松弛 15 ~ 30 分钟。再转冷藏冰箱松弛 1 小时。

7. 取出后把面团压至合适的厚度，再裁割成所需要的尺寸、形状备用。

8. 根据最终想要的形状，整形好。

9. 摆盘醒发约 90 分钟，温度 28 ~ 32℃（温度根据油脂熔点设定，不宜过高，防止油脂熔化渗漏），湿度 75% ~ 80%。（发酵不足会导致可颂崩裂或内部组织形成空心）。

10. 入炉烘烤。

可颂面团开酥过程中的关键细节

1. 面团的软硬度和温度。开酥时，面团的软硬度和肌肉的质感比较像，温度维持在 0 ~ 4℃。

2. 片状黄油的软硬度和温度。油脂的软硬度最好和面团相近，温度在 7 ~ 11℃。

3. 油脂和面团的软硬度一定要掌控好，不然油脂或面团只要有一方过硬或过软都会导致出现断层和混酥。偏硬会导致断油，偏软会导致混酥。

4. 面团与片状黄油的比例。通常情况下，油脂重量是面团重量的 25% ~ 30%。油脂的多少对面包成品的酥脆度有决定性作用，油脂比例越高，成品面包的口感越酥脆，黄油的味道也会越浓郁，成本也会越高。所以油脂比例的多少，取决于你想要成品最终呈现什么样的口感。

5. 面团在包油时，黄油和面团的宽度要保持一致，或黄油比面团要宽一些。如果面团比黄油宽，在开酥时，就会导致面团边缘的黄油分布不均，需要切除比较多的边角料。

6. 面团开酥折叠时不宜压得太薄，不然也会出现混酥的可能。

7. 折叠的次数也会影响最终成品的内部组织和酥层效果，我们一般折一次4折和一次3折，或两次4折，折叠次数越多，可颂层数越多，但酥层过多也会容易导致混酥，使面包最终呈现的口感没那么酥脆。

8. 面团开酥完以后，一定要冷藏松弛大约1小时。不然面筋松弛不到位，可颂容易炸裂。

9. 最后整形的厚度不能过厚，不然最终的体积会很大，层次感不够丰富；过薄则会导致混酥和体积太小，层次感会不明显。一般厚度会控制在三四毫米。

10. 最后发酵的时候温度不能太高，尽量不要超过30℃，否则油脂遇到高温会熔化。

11. 最后烘烤时，烘烤的时间不能太短，因为我们需要成品拥有酥脆的口感，所以烘烤的时间一定不能太短，不然成品容易塌陷或不酥脆，一般烘烤时间会在15分钟以上。

烘焙小知识

可颂面团的出缸温度

一般情况下软欧、甜面包的出缸温度是23～28℃，法式类面包的出缸温度是20～24℃，搅拌可颂面团时，建议出缸温度控制在22～26℃（面温不宜过高，否则面团会过度发酵产气，不利于后续操作整形）。

如何判断可颂面团的打面状态？

大部分情况下，制作可颂、丹麦面包所用的是法国面粉（伯爵T45），法国面粉又分为传统面粉和通用面粉。其中传统面粉是无添加的面粉，通用面粉是在面粉中添加部分维生素的面粉。

所以在使用传统面粉搅拌时，面团出现光滑面膜就可以出缸了（七八成面筋）。而在使用通用面粉时，因为面粉里添加了部分维生素，整体面筋会略微偏强，所以在搅拌面团时，可以适度地再多搅拌一会儿，这样面团的面筋会弱一些（八九成面筋）。如果用的是国产的高筋面粉，因其蛋白质含量比较高，面筋整体偏强，那面筋就可以搅拌至九到十成，这样面团在开酥时才会不容易回缩。

包油时需要注意的细节

在包油过程中，注意油脂的硬度与面团的硬度要相对保持一致，而且当时的室内操作温度也很重要，要尽可能保持相对偏低的温度，因为如果温度太高，油脂易熔化，那么最后烘烤出的面包就容易没有层次或层次不明显，又或者成品体积不够饱满。

包油开酥时的折法

大部分情况下，可颂的包油开酥多会采用一次 4 折和一次 3 折的方式。对于三次 3 折的方式，因为折叠的次数较多，在开酥的过程中，时间花费会比较多，从而会增加开酥过程中油脂与面团的软硬度控制难度。同时，酥层越多，油脂的每一层厚度也会越薄，最终烤出来的成品口感上的酥脆度会更高一些，但内部气孔也会越小。

要运用怎样的包油开酥方式，主要取决于个人对成品的口感有什么样的要求，要求不同，方式就不同。

可颂面包的醒发温度和湿度

可颂面包会包裹入大量的油脂，最终醒发时如果温度太高，就容易导致油脂熔化，从而影响烘烤后成品的内部层次感和口感，所以建议可颂面包的醒发温度控制在 26~30℃，湿度控制在 75%~80%。

当然不同的醒发箱其温度和湿度的数值也会有区别，最终还是要根据醒发箱的实际情况来调整。

如何判断可颂面包是否发酵完全

1. 通过观察面团醒发后的体积大小，大部分情况下，发酵好的面团体积是醒发前体积的 2.5 倍左右。

2. 通过摇晃烤盘，面团会晃动，发酵好的面团会表现出比较有弹性的状态。

3. 用手去触摸面团，发酵好的面团可以感觉到面团内部的气体感很足。

4. 由于可颂面包可以从表面清晰地看出酥层的层次感，侧面看上去，片状黄油与面团之间有稍小的裂缝，这也是发酵好的情况之一。

开酥时出现断油和混酥的原因

断油。片状黄油的硬度超过了面团的硬度，那么在开酥的过程中，面团受到碾压，会把油脂强硬地拉扯变长，从而产生断裂。如果遇到油脂及面团都比较硬的情况，那么在开酥的过程中，每一次开酥的厚度，就要厚一些，在起酥机上多开几次，这样可以在一定的程度上减少因为油脂太硬而导致断油的情况。

混酥。片状黄油的硬度相对较软，室内温度偏高，开酥时造成黄油与面团完全融合在一起，没有形成酥层。如果遇到油脂及面团都比较软或室温偏高的情况，那么在开酥的过程中，每一次开酥的厚度，就可以偏薄一些，在开酥机上少开几次，这样可以在一定的程度上减少因为油脂太软而导致混酥的情况。

烘烤时用风炉还是平炉?

不同的两种烤箱烘烤出来的效果不太一样。

风炉大多采用热风循环的方式，所以利用风炉烘烤出的可颂面包整体颜色会更均匀，成品的酥脆度更好，并且成品体积也更膨大一些。但表面的酥层会因为受到风吹的影响，层次会比较凌乱。

平炉是根据炉子上下的加热管加热来进行烘烤的，所以烘烤出的成品表面和底部的颜色会偏深，整体会更有质感。但口感的酥脆度会略微差一点儿。

所以主要根据想要的口感和质感去选择需要使用的烤箱。

为什么成形前回弹性那么强?

1. 面团搅拌不足。如果面团搅拌不充分，面筋没达到充分的延展，面团面筋就会偏强，成形时面团回弹性容易增强。

2. 面团包油开酥后，冷藏松弛的时间不足。如果松弛时间过短，面团回弹性也容易增强。建议包油开酥后，冷藏松弛时间至少 60 分钟以上。

3. 面团整体的含水量偏低。如果面团含水量偏低，面团会较硬，面筋的延展受到阻碍，柔软度不足，面团回弹性也会偏强。

面团在成形时偏软，怎么解决?

1. 购买冰袋，面团裁切完后直接放在冰袋上降温，再进行最后一次成形。

2. 把烤盘或木板放入冷冻冰箱降低温度，裁切完后放在烤盘或木板表面进行降温，再进行最后一次成形。

3. 把裁切完的面团直接放入冷藏冰箱降温，达到合适的硬度时取出，进行最终的成形。

这几种解决方式都是利用现有的工具，来保证面团成形的完美性。

可颂面包成品塌陷不够饱满的原因

1. 面团在搅拌时搅拌过度，导致面筋支撑力变差，成品体积不够饱满。

2. 最终醒发过度，因为发酵时间过长，面筋的支撑性会减弱，导致烘烤出来后，面包很容易出现扁平、不够饱满的情况。

面包在出炉时，轻震一下烤盘，会有助于有降低面包塌陷的可能性。

为什么内部组织会有“死面”？

可颂面包的内部组织应该是均匀的蜂窝状气孔，如果出现“死面”的情况，一般由以下几点原因导致：

1. 最终醒发温度偏高，醒发过程中片状黄油出现熔化的情况。

2. 开酥的过程中，片状黄油和面团温度偏低，状态偏硬，出现断油的情况。

3. 最终醒发不够充足，面团中心温度偏低，也会导致中心部位出现“死面”。

4. 如果在成形过程中，使用手粉太多，面团表面偏干，也可能导致出现“死面”的情况。

关于非发酵起酥面团

非发酵起酥面团的种类

非发酵起酥面团主要有正叠千层面团、反转千层面团和快速千层面团三种。

正叠千层面团（面包油）

三种千层面团中正叠千层面团的操作性适中，成本适中，口感适中，成为使用率最高的千层面团。

正叠千层面团，即将面团包裹片状黄油，然后反复进行开酥折叠使其拥有成百上千层面皮，烘烤后显现出明显的层次，以达到酥脆口感。

千层酥的制作难点在于控制面团和片状黄油的温度与状态，使面团和片状黄油均匀分布，烘烤后才能达到层次明显、口感酥脆的特点。如果操作不当使面团和片状黄油混合在一起，那在烘烤后不会出现明显的层次和酥脆的口感，而是出现类似饼干硬脆扎实的口感。

反转千层面团（油包面）

三种千层面团中口感最为酥脆、稳定性最好的面团，但也是操作性最难的千层面团，对制作者有较高的操作要求。

反转千层面团，顾名思义是将正叠千层面团反向操作，使用片状黄油包裹着面团进行开酥折叠，其操作难度可想而知。

由于片状黄油过黏并且易熔化不便于操作，所以会在片状黄油中加入一定比例的面粉混合以防止粘连和熔化。反转千层面团由于操作工艺的区别和配方配比中油量更高的原因，使其拥有最为酥脆、入口即化的口感。

快速千层面团（混合千层酥面团）

它是三种千层面团中操作最为方便的面团，但其酥脆性一般，常用来制作简单的酥皮产品，如：蝴蝶酥、千层酥条等。

快速千层面团没有包裹片状黄油的工艺步骤，一般是将片状黄油切丁加入制作完成的面团中混合，黄油丁会一粒一粒地包裹在面团中，此时的面团可直接操作开酥折叠部分。由于经过多次擀压，黄油丁会在面团中形成一层层不均匀的黄油层，因此也会形成不太明显的层次和硬脆的口感。

三种千层面团对比

层次明显度：正叠千层面团 > 反转千层面团 > 快速千层面团

口感酥脆度：反转千层面团（酥脆）> 正叠千层面团（硬脆）> 快速千层面团（硬脆偏扎实）

操作难度：反转千层面团 > 正叠千层面团 > 快速千层面团

非发酵起酥面团的原材料

面粉。一般选用中筋面粉来制作非发酵起酥面团，法式面粉一般会使用T55来制作。面粉的选择主要取决于面粉中的蛋白质含量，蛋白质含量较低的面粉制作出来的千层酥膨胀率偏小并且易碎柔软，而蛋白质含量较高的面粉制作的千层酥膨胀率较高并且松脆坚固，但是蛋白质含量较高会形成更多的面筋，使操作时的回缩更厉害。所以我们更多使用蛋白质适中的面粉来制作千层面团。

黄油。黄油除了增加香味以外，也可以抑制面筋形成，使面团更加具有延展性，在操作过程中使面团更容易擀压。

盐。盐除了有调味的作用外，更重要的作用是使面筋的网状结构更加紧密，也会适当地增加面团的弹性，有助于将面皮擀薄，烘烤后也会使千层酥层次更加明显。

水。水的主要作用是和面粉中的蛋白质结合形成面筋，使面粉中的淀粉糊化形成面团的主体部分。

白醋。使用白醋可以防止面团老化，并且面粉中的麦谷蛋白溶于酸，所以也能抑制面筋的形成，使面团更加具有延展性。

片状黄油。片状黄油和普通黄油最大的区别在于片状黄油经过了工业化处理，使黄油中的各种脂肪酸进行了转换，使其熔点更高，延展性和柔韧性更好，更加便于开酥操作。一般我们经常使用的是含脂量82%的片状黄油。

包油、单折（3折）、双折（4折）

包油，指将片状黄油包裹在面团中间的步骤。一般将面团擀成片状黄油的两倍大小，再将片状黄油均匀地包裹在两倍大小的面团中间。

单折，一般也称为3折，将完成包油步骤的面团拉至合适长度，然后进行三层折叠。将拉长的面皮长度平均分为三份，将面皮一端的三分之一向内对折贴合，再将面皮另一端的三分之一向内对折贴合，即完成单折操作，每次折叠操作完成后需冷藏静置1小时。

双折，一般也称为4折，将完成包油步骤的面团拉至合适长度，然后进行四层折叠。将拉长的面皮直接从中间对折贴合，随后再一次将面团从中间对折贴合，即完成双折操作，每次折叠操作完成后需冷藏静置1小时。

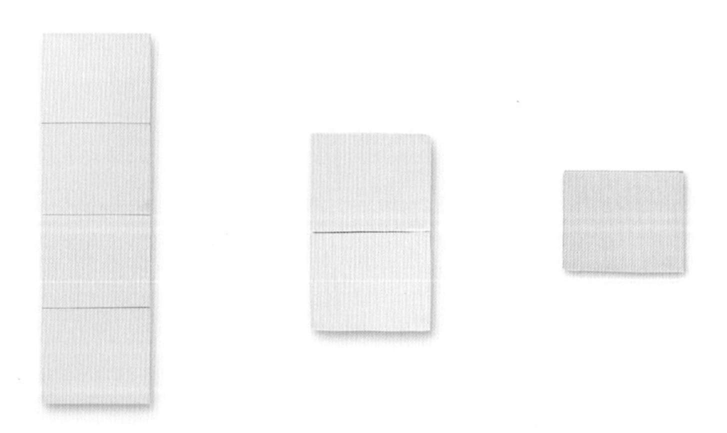

单折和双折的区别在于折叠方式不同，多次折叠后会影响到产品最终的总层次，给成品带来不一样的口感和状态。

千层酥层次的计算

我们以两次单折加两次双折的千层面团（也可称为折叠 3344 的千层面团）为例计算面团层次。

基础层次	×	折叠层数	-	重叠层次	=	最终层次
3	×	3	-	2	=	7
7	×	3	-	2	=	19
19	×	4	-	3	=	73
73	×	4	-	3	=	289

基础层次，即面团开酥前最初的面团层次。

以第一行基础层次 3 层为例，这 3 层基础层次为包油步骤完成后的“2 层面皮 +1 层片状黄油”。

以第二行基础层次 7 层为例，这 7 层基础层次为第一次单折步骤完成后的层次，作为下一次开酥的基础层次。

折叠层数，即面团进行单折还是双折的折叠层数。单折为 3 层，双折为 4 层。

重叠层次，由于每次进行单折或双折后会有面皮部分重叠，重叠的面团部分没有片状黄油阻隔会使两层面团擀压为一层面团，所以需要去除擀压融合的面团部分。单折操作有 2 层面皮重叠因此减去 2 层；双折操作有 3 层面皮重叠因此减去 3 层。

最终层次，经过折叠计算并且减去重叠层次后的总层次。

最终我们得出经过两次单折和两次双折操作后的千层面团最终总层次为289层。

在最传统的制作工艺中，一般会将千层面团进行 6 次单折的操作，最终总层次为 1459 层，故称之为千层酥。

层次的影响

层次少：层次少的千层酥，层次会更加明显更厚，但是口感会更加硬脆。

层次多：层次多的千层酥，口感会更加酥脆，也更不容易分层，但是层次过多也会导致不够酥脆。

一般我们会根据不同产品的需求来制作不同口感和状态的千层面团，在书中不同的产品都使用了不同的千层面团及层次。

基础面团

布里欧修面团

⊗ 材料（总重 2180 克）

王后柔风甜面包粉 1000 克
Echiré 恩喜村淡味黄油 300 克
牛奶 300 克
细砂糖 150 克
全蛋 200 克
蛋黄 150 克
鲜酵母 40 克
盐 20 克
奶粉 20 克

⊗ 做法

1 把牛奶、蛋黄、全蛋加入搅拌机中。

2 倒入细砂糖，让其化开（以便更快地形成面筋）。

3 把面包粉全部加入搅拌机中。

4 加入奶粉。

5 加入鲜酵母，慢速搅拌面团。

6 把面团慢速搅拌至无干粉状态，加入盐，然后继续慢速搅拌。

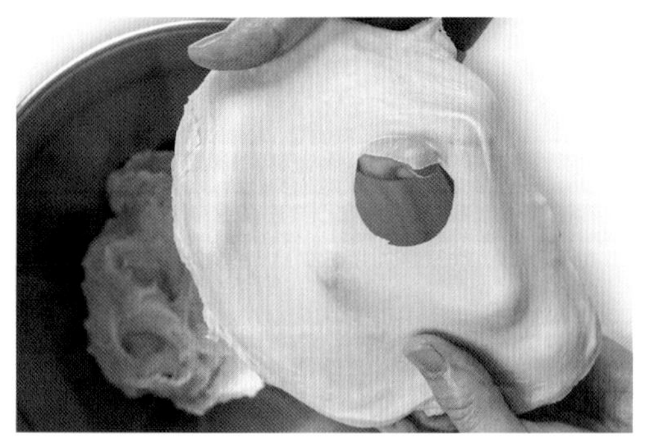

7 把面团搅拌至七成面筋，此时能拉出表面光滑的厚膜，孔洞边缘处带有锯齿。

8 分三次加入黄油，慢速搅拌均匀至黄油完全融入面团中。

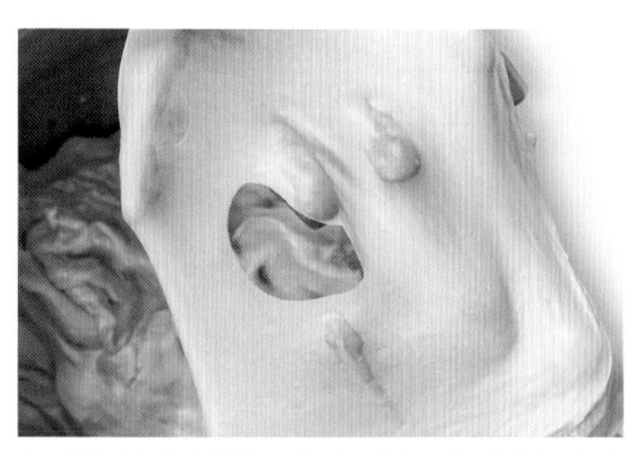

9 最终把面团搅拌至九成面筋，此时能拉出表面光滑的薄膜，孔洞边缘处稍微带有锯齿。

10 搅拌好后把面团取出，表面整成光滑的圆形。面团温度控制在22~26℃，然后把面团放置于22~26℃的环境中，基础发酵30分钟。

11 面团松弛好后，擀压成长50厘米、宽30厘米。密封放入冷冻室冻硬后，再转冷藏冰箱里隔夜松弛备用即可。

可颂面团

❀ 材料（总重 2180 克）

伯爵 T45 中筋面粉 1000 克
Echiré 恩喜村淡味黄油 30 克
Echiré 恩喜村淡味片状黄油 500 克
细砂糖 120 克
冰水 420 克
全蛋 50 克
鲜酵母 40 克
盐 20 克

❀ 做法

1 把细砂糖倒入搅拌机中，倒入冰水，让细砂糖化开（以便更快地形成面筋）。

2 加入全蛋。

3 把中筋面粉全部加入搅拌机中，开始慢速搅拌。

4 把面团慢速搅拌至无干粉状态，加入盐、淡味黄油、鲜酵母，然后继续慢速搅拌。

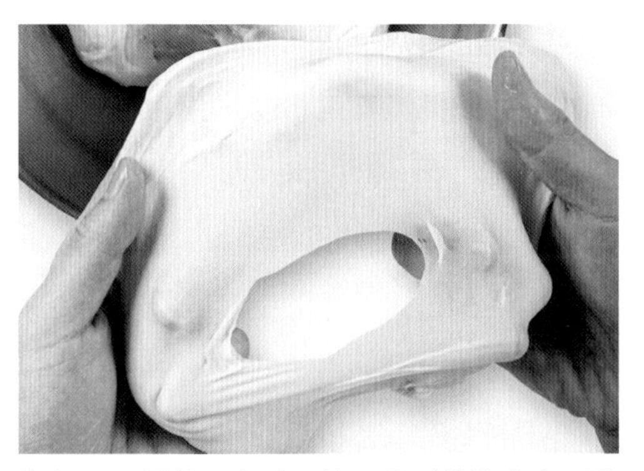

5 把面团搅拌至九成面筋，此时能拉出表面光滑的厚膜，孔洞边缘处带有稍小的锯齿。

6 搅拌好后把面团取出，表面整成光滑的圆形。面团温度控制在 22～26℃，然后把面团放置于 22～26℃的环境中，基础发酵 30 分钟。

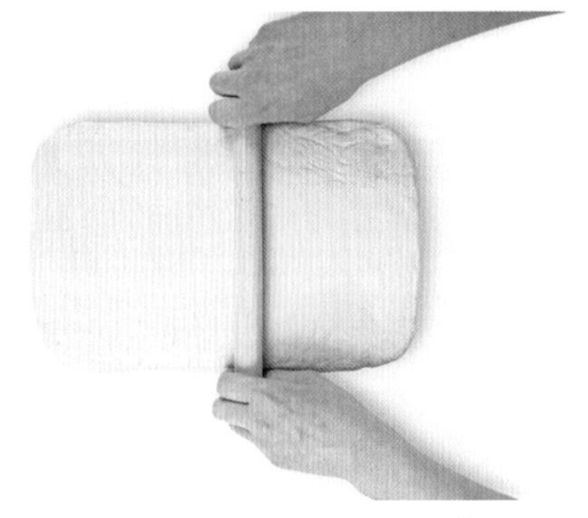

7 面团松弛好后，擀压成长 50 厘米、宽 30 厘米。密封放入冷冻室冻硬后，再转冷藏冰箱里隔夜松弛。

8 面团隔夜松弛好后取出，底部朝上，将 500 克片状黄油擀压成薄片，尺寸为长 30 厘米、宽 25 厘米。然后把片状黄油放在面团中心位置，侧边要和面团保持平整。

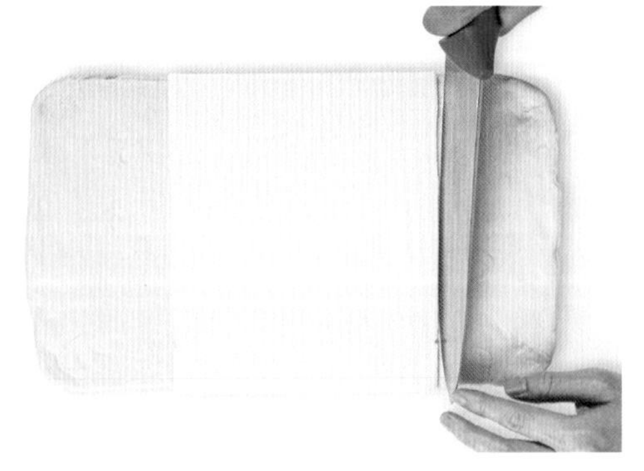

9 用牛角刀把片状黄油左右两侧面团切断，防止面团对折后边缘过厚。

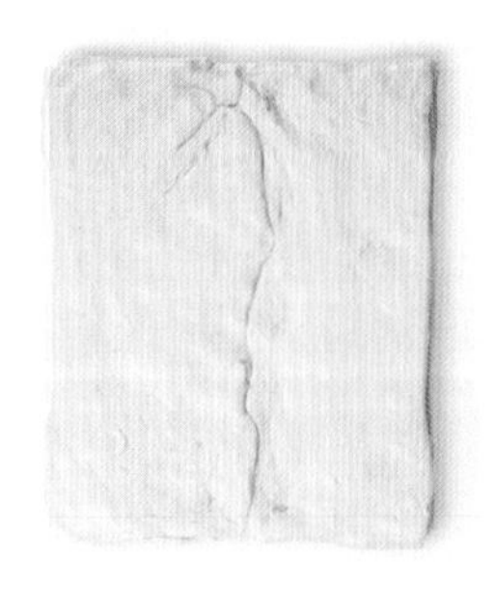

10 把两侧切断的面团从两边往中间对折，接口处捏合到一起。

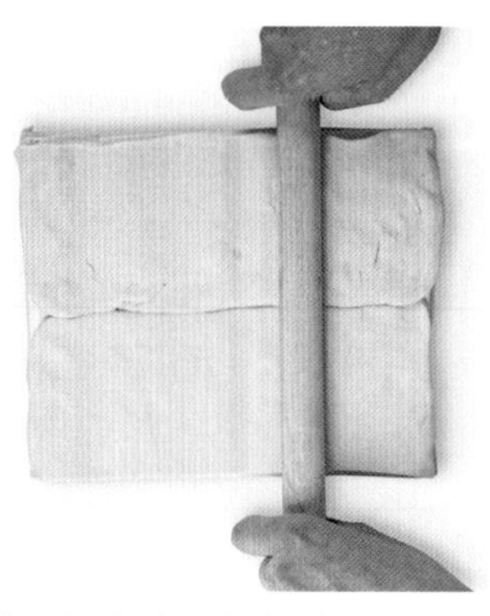

11 用擀面杖在表面轻轻按压，让面团和片状黄油黏合到一起。

12 用开酥机把面团顺着接口的方向，依次递进地压薄，最终压到 5 毫米厚，把面团两端切平整，平均切成 4 块，开始第一次折叠，折一个 4 折。

13 再次用开酥机把面团接依次递进地压薄，最终压到 5 毫米厚，把面团两端切平整，平均切成 3 块，开始第二次折叠，折一个 3 折。

14 用保鲜膜密封包裹，放冷藏冰箱里松弛 90 分钟即可。

正叠千层面团

❁ **材料**（总重 1340 克）

水面团

伯爵 T45 中筋面粉 600 克
Echiré 恩喜村淡味黄油 150 克
白醋 25 克
盐 15 克
水 250 克

其他

Echiré 恩喜村淡味片状黄油 300 克

❁ **做法**

❖ **制作水面团**

1 在厨师机的缸中，放入中筋面粉，使用勾浆低速搅拌的同时加入水、白醋和盐的混合物（温度 10℃）。

2 边搅拌边倒入化开的淡味黄油（温度 50℃）。

3 搅拌成团，揉圆，切十字。

4 从中间往四周推开；用开酥机擀薄成长 50 厘米、宽 25 厘米。用保鲜膜贴面包裹，放入冰箱冷藏（4℃）12 小时。

包油开酥

5 将片状黄油用开酥机擀成边长 25 厘米的正方形，放在水面团一侧，使用美工刀切断面团。

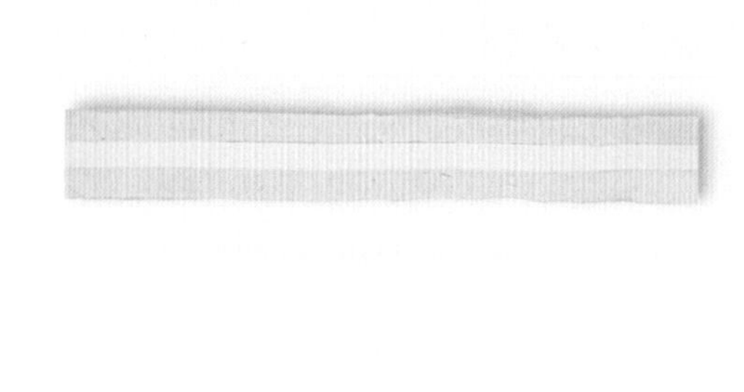

6 折叠面团，将黄油包裹在中间。

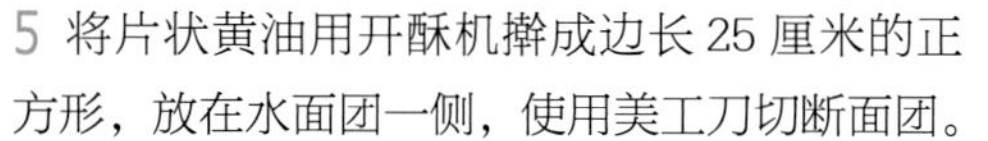

7 开始第一次折叠，用开酥机依次递进地压薄，最终压到 5 毫米厚，把面团两端切平整后，平均分成 4 份，折一个 4 折。用保鲜膜贴面包裹，放入冰箱冷藏（4℃）2 小时。

8 开始第二次折叠，静置后的面团再次压成 5 毫米厚，把两端切平整后，平均分成 3 份，折一个 3 折。用保鲜膜贴面包裹，放入冰箱冷藏（4℃）2 小时。

9 开始第三次折叠，用开酥机依次递进地压薄，最终压到 5 毫米厚，把面团两端切平整后，平均分成 4 份，折一个 4 折。用保鲜膜贴面包裹，放入冰箱冷藏（4℃）2 小时。

10 开始第四次折叠，静置后的面团再次压成 5 毫米厚，把两端切平整后，平均分成 3 份，折一个 3 折。用保鲜膜贴面包裹，放入冰箱冷藏（4℃）2 小时即可。

反转千层面团

⊗ **材料**（总重 2000 克）

面皮部分

王后 T65 经典法式面包粉 610 克
Echiré 恩喜村淡味黄油 198 克
盐之花（或细盐）23 克
水 247 克
白醋 5 克

油皮部分

Echiré 恩喜村淡味片状黄油 655 克
王后 T65 经典法式面包粉 262 克

⊗ **做法**

制作面皮部分

1 在厨师机的缸中放入面包粉、软化黄油（温度约 30℃）、水、盐之花和白醋。用最低速度搅打直至出现面团。

2 用手将面揉成团，然后擀成厚薄均匀的正方形面团，边长为 25 厘米，用保鲜膜贴面包裹后放入冰箱冷藏（4℃）12 小时。

制作油皮部分

3 在厨师机的缸中放入片状黄油和面包粉，用钩桨搅拌至出现面团。

4 将油皮面团平均分成 2 份，将每份油皮面团整形成边长 25 厘米的正方形。放入冰箱冷藏（4℃）12 小时。

开酥方式

5 将准备好的面皮放在两张油皮中间，借助擀面杖擀压成 5 毫米厚。

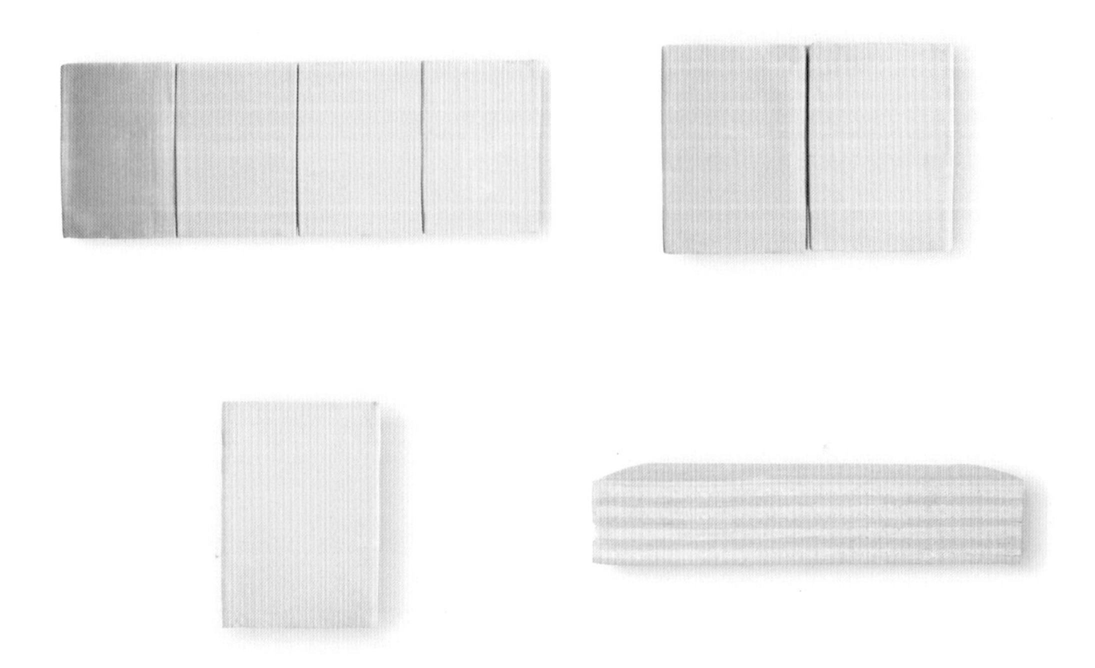

6 开始第一次折叠，折一个 4 折。用保鲜膜贴面包裹，放入冰箱冷藏（4℃）至少 2 小时。

7 静置后的面团再次压成 5 毫米厚，重复步骤 6 的操作。

8 静置后的面团再次擀压成 5 毫米厚，折第一个 3 折，用保鲜膜贴面包裹，放入冰箱冷藏（4℃）至少 2 小时。

9 重复步骤 8 的折叠操作，冷藏时间调整为至少 4 小时。

小贴士

在制作反转千层面团的过程中必须遵守配方中的静置时间，并且在整个操作过程中，需确保面温在 12～14℃。

面包类开酥配方

可颂

◎ 原味可颂

原味可颂

⊗ **材料**（可制作 12 个）

可颂面团（见 P24）1000 克

蛋液适量

⊗ **做法**

1 取出开酥并松弛好的可颂面团，用开酥机把面团的宽度压至 32 厘米，然后再换方向压长，最终厚度压到 3.5 毫米，放在木板上，将宽度两头去边裁切到 30 厘米。

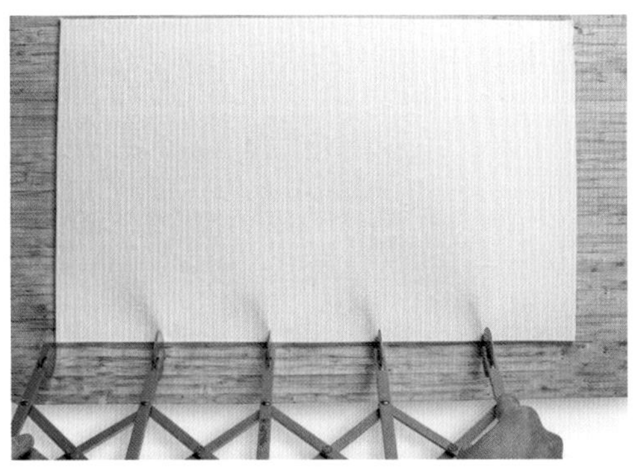

2 用分割器量好尺寸，进行裁切。

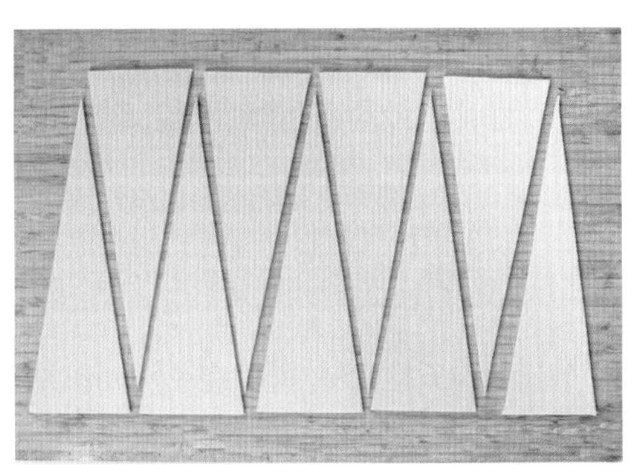

3 最终将面团裁切分割成底部宽 10 厘米，高 30 厘米的等腰三角形。

4 把面团从三角形底部卷起来，面团两边间距要保持一致，最终接口要压到面团底部中间。

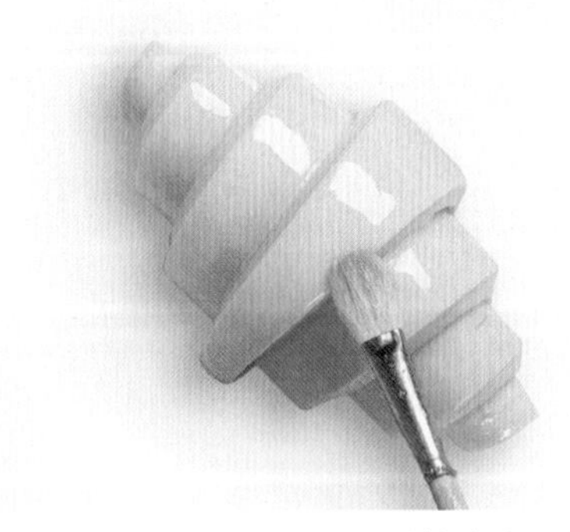

5 整形完成后，均匀摆放到烤盘上，放入醒发箱（温度 28℃，湿度 75%）醒发 120 分钟。醒发完成后取出，表面刷一层蛋液。

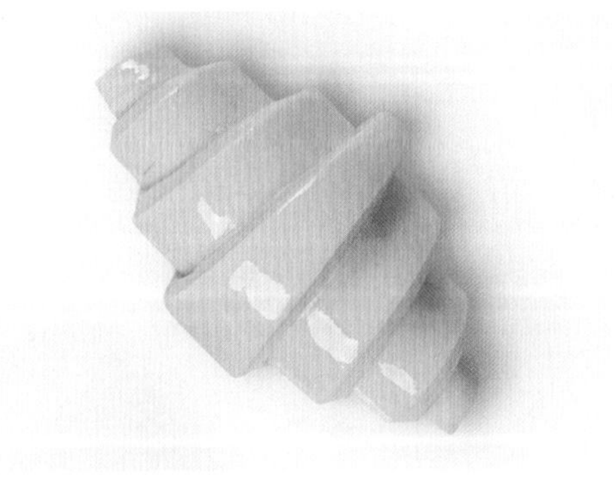

6 放入烤箱，上火 220℃、下火 170℃，烘烤 15～18 分钟。烤至表面金黄色即可出炉。

◎ 弯月可颂

弯月可颂

⊗ **材料**（可制作 12 个）

可颂面团（见 P24）1000 克

蛋液适量

⊗ **做法**

1 取出开酥并松弛好的可颂面团，用开酥机把面团的宽度压至 32 厘米，然后再换方向压长，最终厚度压到 3.5 毫米，放在木板上，将宽度两头去边裁切到 30 厘米，然后用分割器量好尺寸，进行裁切。

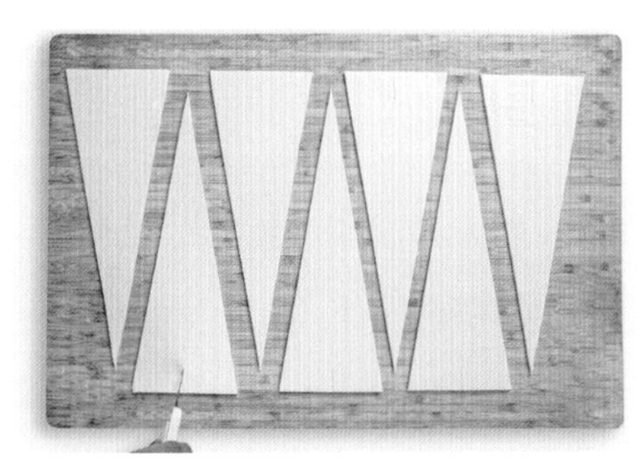

2 最终将面团裁切分割成底部宽 11 厘米、高 30 厘米的等腰三角形，在三角形底部中间位置用美工刀划出 1.5 厘米。

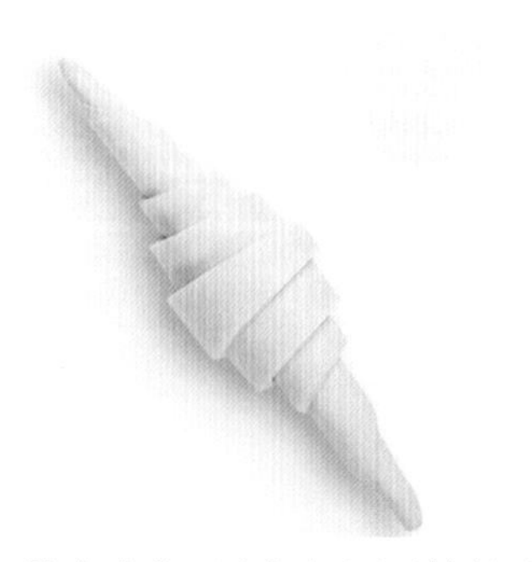

3 沿着三角形的底边将面皮轻轻用手拉长（不要拉断破裂），再从三角形底部卷起来，面团两边间距要保持一致，最终接口要压到面团底部中间。

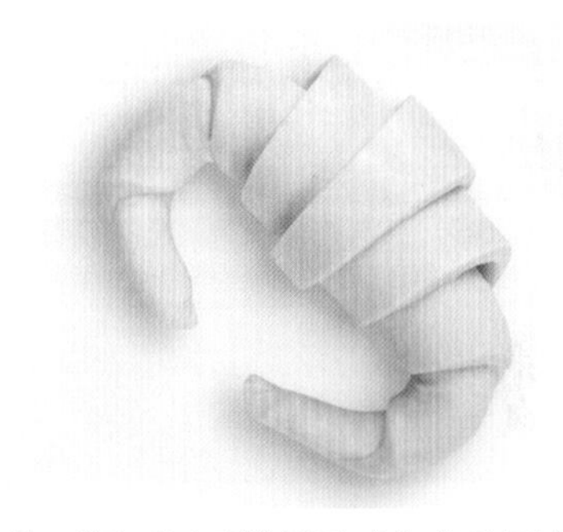

4 将可颂面团两端折叠成牛角状固定好，整形完成后，均匀摆放到烤盘上（烤盘里均匀铺上烤盘纸或高温带孔烤垫增加可颂面团的摩擦力，不容易变形）。

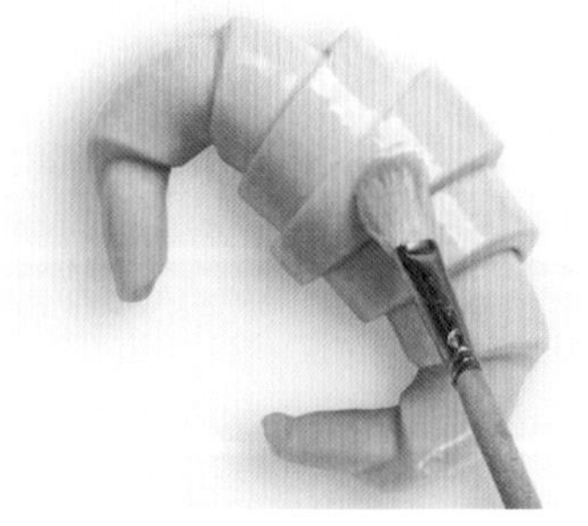

5 放入醒发箱（温度 28℃，湿度 75%）醒发 120 分钟。醒发完成后取出，表面刷一层蛋液。

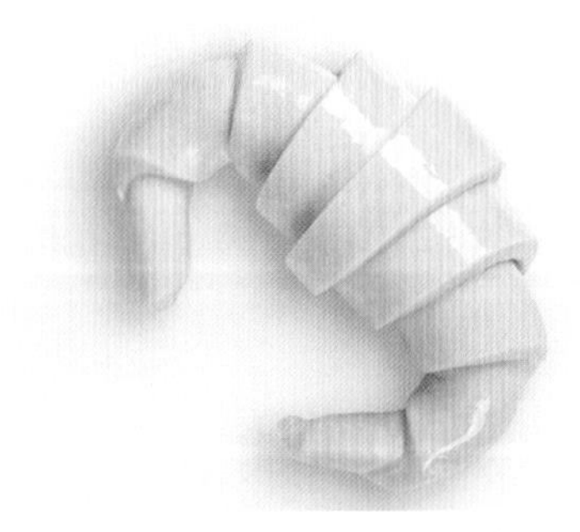

6 放入烤箱，上火 220℃、下火 170℃，烘烤 15~18 分钟。烤至表面金黄色即可出炉。

巧克力可颂

⊗ **材料**（可制作 12 个）

可颂面团（见 P24）1000 克

蛋液适量

耐烤巧克力棒 24 根

⊗ **做法**

1 取出开酥并松弛好的可颂面团，用开酥机把面团的宽度压至 30 厘米，然后再换方向压长，最终厚度压到 3.5 毫米。放在木板上，将宽度两头去边裁切到 28 厘米。

2 用分割器量好尺寸，进行裁切。

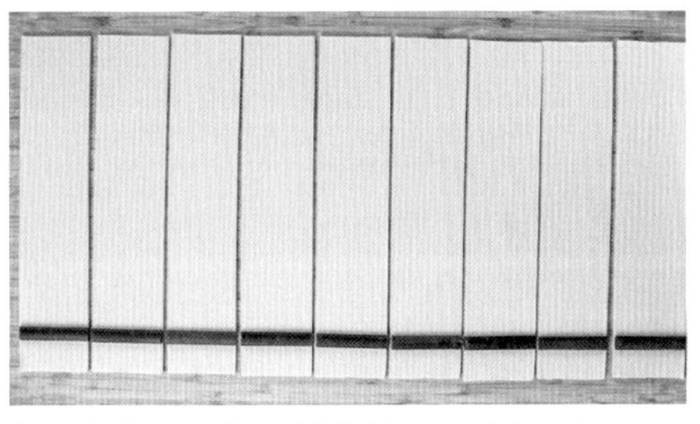

3 最终将面团裁切分割成长 28 厘米、宽 6 厘米，将耐烤巧克力棒放在距离面团底端 1.5 厘米处。

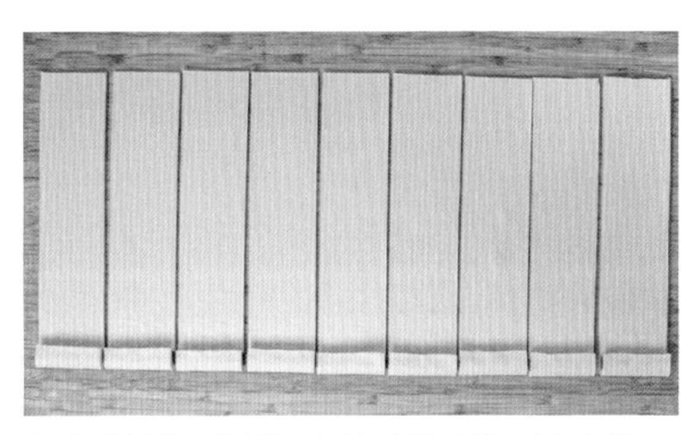

4 将底端的面团卷一圈包裹住耐烤巧克力棒。

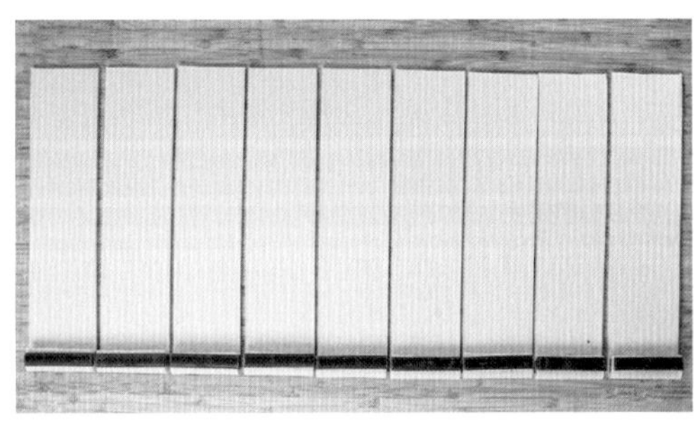

5 再取出一根耐烤巧克力棒放在折叠的面团上。

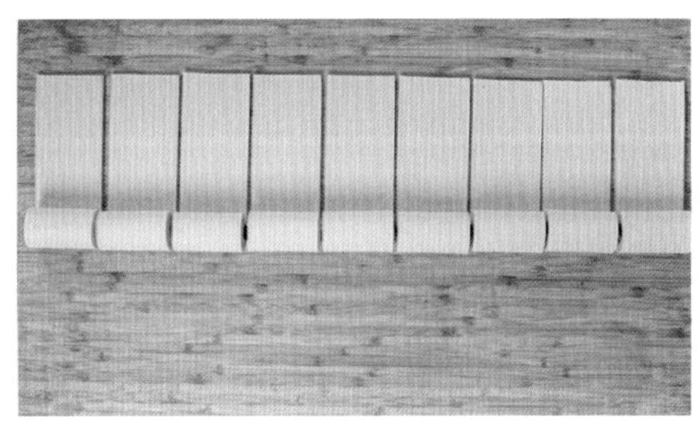

6 将面团顺着往上卷起一半。

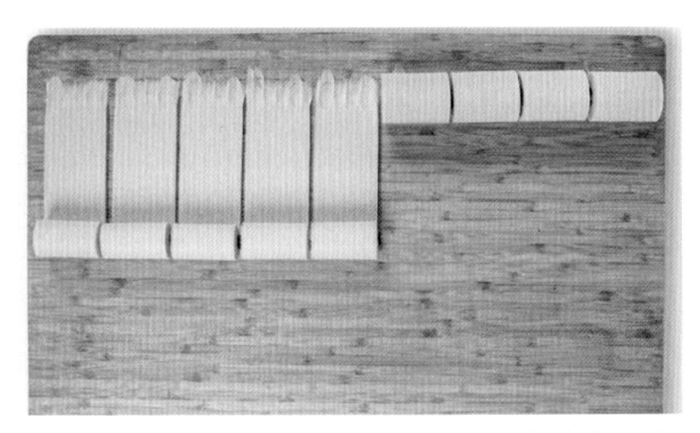

7 把面团顶端接口处压薄，继续往上卷起，将接口处压到面团底部中间。整形完成后，均匀摆放到烤盘上，放入醒发箱（温度 28℃，湿度 75%）醒发 120 分钟。

8 醒发完成后取出，面团表面刷一层蛋液。

9 放入烤箱，上火 220℃、下火 170℃，烘烤 15 ~ 18 分钟。烤至表面金黄色即可出炉。

◎ 杏仁榛子可颂

杏仁榛子可颂

⊗ 材料（可制作 12 个）

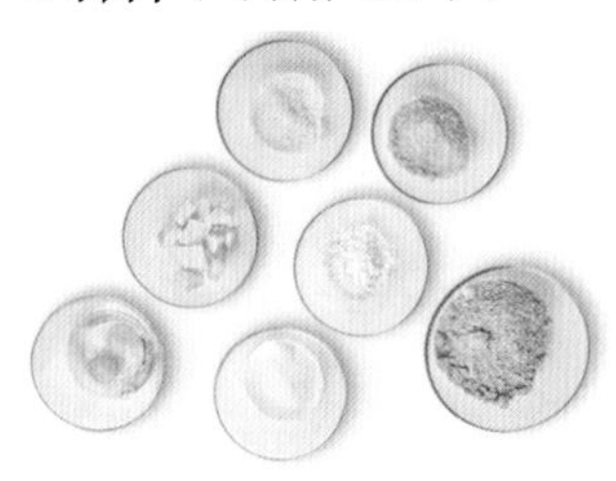

杏仁榛子酱

Echiré 恩喜村淡味
黄油 100 克
细砂糖 100 克
全蛋 100 克
榛子粉 200 克
杏仁粉 40 克
王后精制低筋面粉 30 克
玉米淀粉 20 克

其他

提前做好的原味可颂（见 P35）12 个
杏仁片 192 克

⊗ 做法

制作杏仁榛子酱

1 把黄油和细砂糖混合，快速打至发白状态（黄油可提前放置室温软化）。

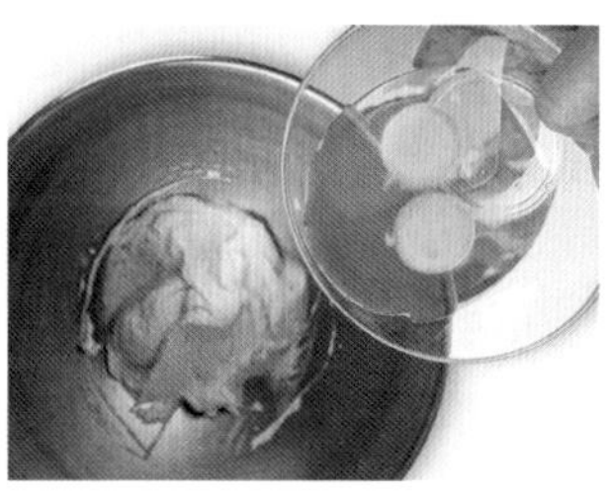

2 加入全蛋，搅拌均匀（全蛋可提前在室温下放置回温）。

3 依次加入榛子粉、杏仁粉、玉米淀粉和低筋面粉。

4 搅拌均匀后装入裱花袋中，用不完可冷冻保存。

组装

5 把烘烤完成的原味可颂从侧面用锯刀锯开。

6 在锯开的横截面均匀涂抹约 20 克杏仁榛子酱。

7 盖上另一半原味可颂，在顶部挤一条约 30 克的杏仁榛子酱。

8 挑选较完整的杏仁片，均匀地插在杏仁榛子酱上（每个可颂需要约 16 克杏仁片），然后放入风炉，210℃烘烤约 12 分钟即可。

双色可颂

⊗ 做法

制作红色贴皮面团

1 将 200 克可颂面团与 3 克油溶性红色色粉混合，倒入厨师机中。

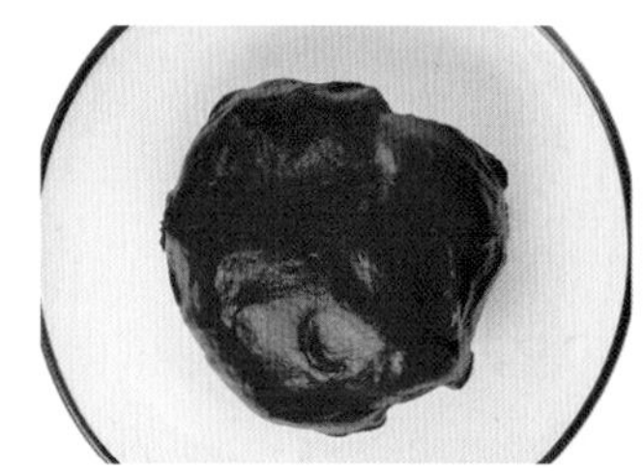

2 完全搅拌均匀至上色，然后密封冷藏松弛 10 分钟。

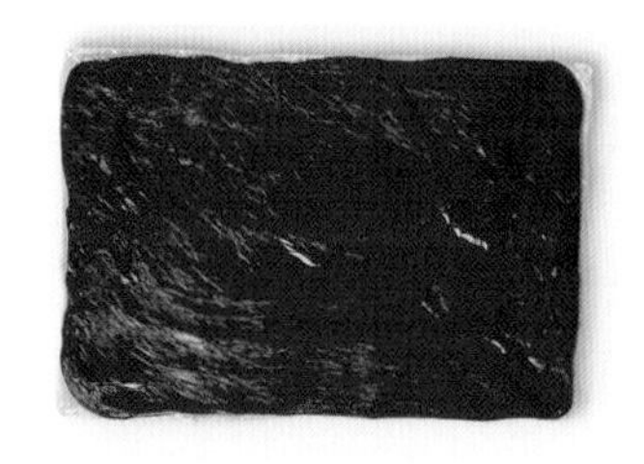

3 面团松弛好后取出，擀压成长 35 厘米、宽 25 厘米，密封放冷藏冰箱隔夜松弛。

⊗ 材料（可制作 14 个）

红色贴皮面团

可颂面团（P24）200 克

油溶性红色色粉 3 克

其他

可颂面团（P24）1000 克

镜面果胶适量

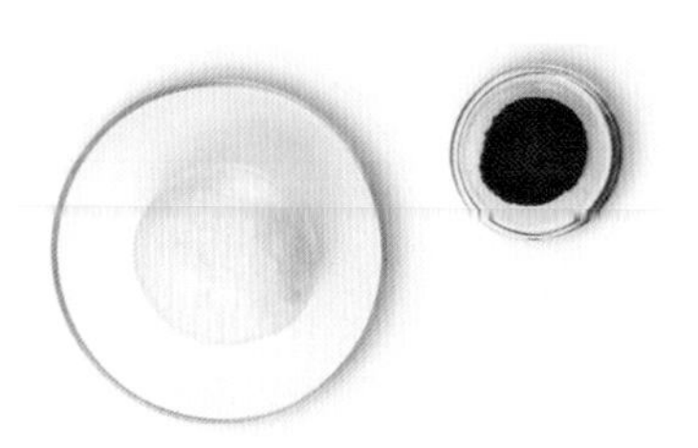

组合与整形

4 取出1000克开酥并松弛好的可颂面团，擀压成长35厘米、宽30厘米。

5 在面团表面喷水，然后把隔夜松弛好的红色贴皮面团取出，盖在原色可颂面团表面（拉扯到大小一致），冷藏松弛90分钟。

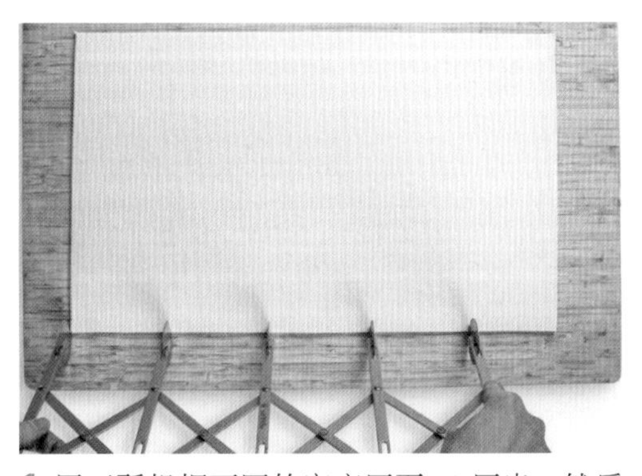

6 用开酥机把面团的宽度压至32厘米，然后再换方向压长，最终厚度压到3.5毫米。放在木板上，将宽度两头去边裁切到30厘米，然后用分割器量好尺寸。

7 最终将面团裁切分割成底部为10厘米、高30厘米的等腰三角形。

8 把面团从三角形底部卷起来，面团两边间距要保持一致，最终接口要压到底部中间。整形完成后均匀摆放到烤盘上，放入醒发箱（温度28℃，湿度75%）醒发120分钟。醒发完成后，放入烤箱，上火210℃、下火170℃，烘烤15~18分钟。烤至表面微微上色即可出炉，冷却后在表面刷镜面果胶即可。

◎ 黑金可颂

黑金可颂

材料（可制作 20 个）

开心果卡仕达酱

牛奶 260 克

速溶卡仕达粉 70 克

淡奶油 500 克

开心果酱 100 克

黑色可颂面团

伯爵 T45 中筋面粉 1000 克

细砂糖 120 克

鲜酵母 40 克

冰块 420 克

全蛋 50 克

盐 20 克

Echiré 恩喜村淡味黄油 30 克

竹炭粉 8 克

Echiré 恩喜村淡味片状黄油 500 克

注：片状黄油未体现在右图中。

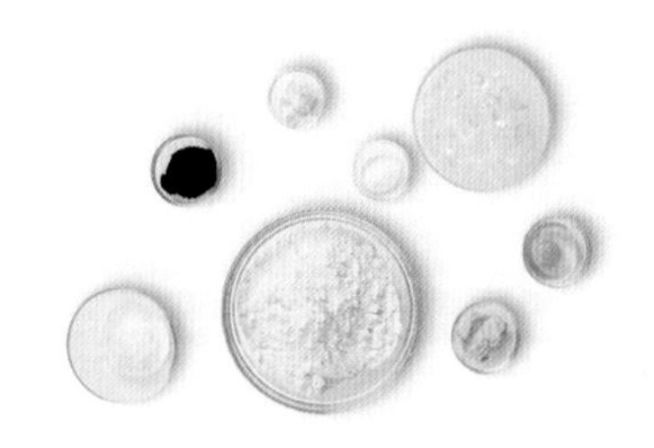

其他

开心果碎适量

蛋液适量

做法

制作开心果卡仕达酱

1 将速溶卡仕达粉倒入牛奶中，顺序不可颠倒，否则会形成颗粒。

2 快速搅拌至细腻均匀。

3 加入开心果酱，再次搅拌均匀。

4 把淡奶油打至微发，如酸奶状，倒入搅拌好的开心果酱中。

5 最后搅拌均匀，装入裱花袋冷藏存储。

❀ 制作黑色可颂与组装

6 把细砂糖、冰块、竹炭粉、全蛋加入打面缸中。

7 把盐和中筋面粉全部加入，开始慢速搅拌。

8 把面团慢速搅拌至无干粉状态，加入黄油、鲜酵母，然后继续慢速搅拌。

9 最终把面团搅拌至九成面筋，此时能拉出表面光滑的厚膜，孔洞边缘处带有稍小的锯齿。

10 搅拌好后把面团取出，表面整成光滑的圆形。面团温度控制在22～26℃，然后把面团放置于22～26℃的环境中，基础发酵30分钟。

11 面团松弛好后，擀压成长50厘米、宽30厘米。密封放入冷冻室冻硬后，再转冷藏冰箱里隔夜松弛。

12 面团隔夜松弛好后取出，底部朝上，把500克片状黄油擀压成薄片，尺寸长30厘米、宽25厘米。然后把片状黄油放在面团中心位置，侧边要和面团保持平整。

13 用牛角刀把片状黄油两侧的面团切断，把两侧切断的面团从两边往中间对折，接口处捏合到一起，用擀面杖在表面轻轻按压，让面团和黄油黏合到一起（做法见P25～26的步骤9～步骤11）。

14 用开酥机把面团顺着接口的方向，依次递进地压薄，最终压到 5 毫米厚，把面团两端切平整，平均切成 4 块，开始第一次折叠，折一个 4 折。

15 再次用开酥机把面团接依次递进地压薄，最终压到 5 毫米厚，把面团两端切平整，平均切成 3 块，开始第二次折叠，折一个 3 折。

16 用保鲜膜将面团密封包裹，放冷藏冰箱里松弛 90 分钟。

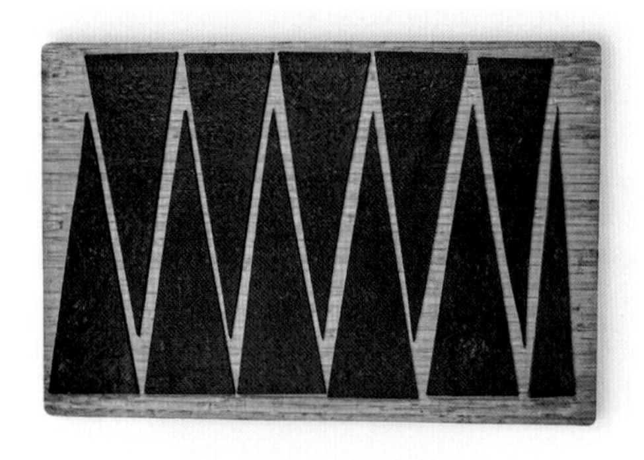

17 取出面团，放在开酥机上，将宽度压至 32 厘米，然后再换方向压长，最终厚度压到 3.5 毫米，放在木板上，将宽度两头去边裁切到 30 厘米。用分割器量好尺寸，进行裁切，最终裁切成底部宽 10 厘米、高 30 厘米的等腰三角形。

18 将等腰三角形面团从底部卷起，放入烤盘，并放入醒发箱（温度 28℃，湿度 75%）醒发约 120 分钟。

19 醒发好的面团表面刷蛋液，放入烤箱，上火 210℃、下火 180℃，烘烤 18 分钟。将冷却好的面包用筷子在顶端戳个洞，挤入 45 克开心果卡仕达酱，表面也挤少许作为装饰，最后撒点开心果碎即可。

可颂
三明治

◎ 可颂三明治面包

可颂三明治面包

材料（可制作 12 个）

可颂面团（见 P24）1000 克	酸黄瓜 500 克
烤熟的培根片 30 块	沙拉酱 200 克
黑胡椒粉适量	西红柿 8 个
生菜 500 克	蛋液适量

做法

1 取出开酥并松弛好的可颂面团，用开酥机把面团的宽度压至 38 厘米，然后再换方向压长，最终厚度压到 3 毫米。取出把面团切割成长 18 厘米、宽 8 厘米。

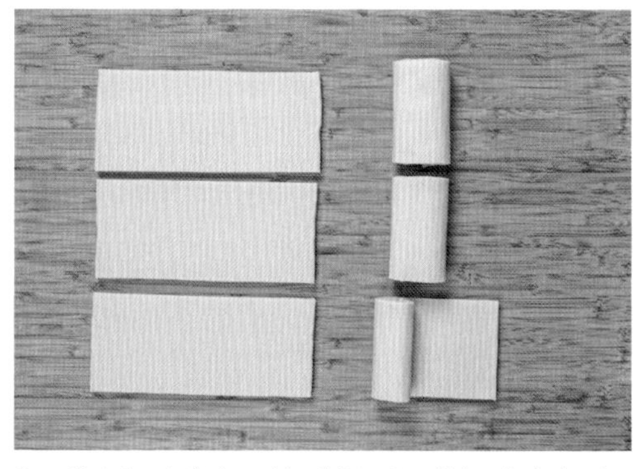

2 面团表面喷水，然后把面团从短边卷起来，接口压在底部中间。

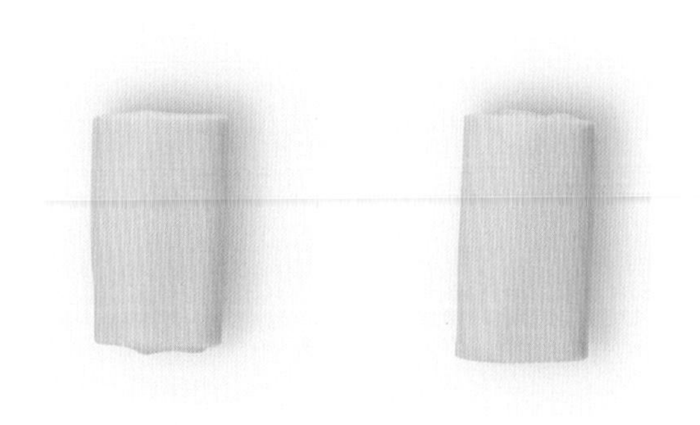

3 把面团均匀地摆放在烤盘上，放入醒发箱（温度 30℃，湿度 75%）醒发 80 分钟。

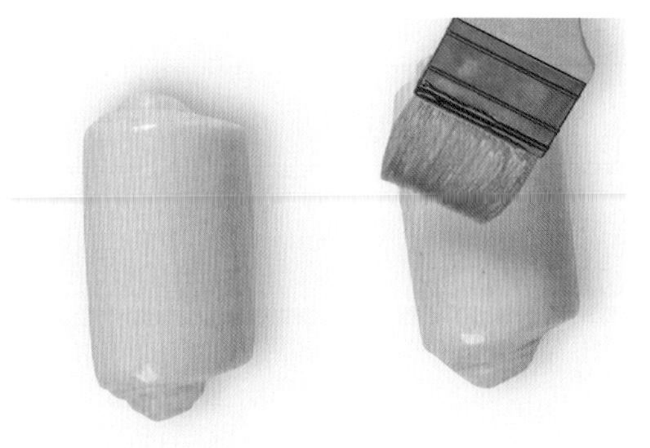

4 面团醒发好后取出，在表面刷一层蛋液，然后放入烤箱，上火 170℃、下火 170℃，烘烤 18～20 分钟，烤至表面金黄即可出炉。

5 面包烤好放凉后，用锯刀从侧边锯开。

6 先放 1 片生菜，再放 3 片西红柿（提前切成片）。

7 放上 5 片烤熟的半块培根（培根里加入黑胡椒粉调味）。

8 在培根上挤约 15 克沙拉酱。

9 最后再放 6 片酸黄瓜即可。

◎ 牛油果虾仁三明治

牛油果虾仁三明治

材料（可制作 3 个）

提前做好的原味可颂（见 P35）3 个　水煮蛋 12 片　沙拉酱 60 克　虾仁 15 颗

牛油果 150 克　黑胡椒粉适量　苦苣适量

做法

1 把烘烤完成的原味可颂从侧面用锯刀锯开。

2 在切口重叠摆上 5 片牛油果（约 50 克，提前切成片）。

3 在牛油果上再重叠放上 4 片切好的水煮蛋。

4 在鸡蛋片上挤 20 克沙拉酱。

5 放上 5 颗虾仁（虾仁焯水，撒适量黑胡椒粉拌匀）。

6 最后放适量苦苣，然后盖起来即可。

◎ 牛肉芝士丹麦三明治

牛肉芝士丹麦三明治

材料（可制作 15 个）

可颂面团（见 P24）1000 克
牛肉饼 15 块
黑胡椒粉适量
芝麻菜 300 克
荷包蛋 15 个
沙拉酱 150 克
芝士 8 片
西红柿 15 片

做法

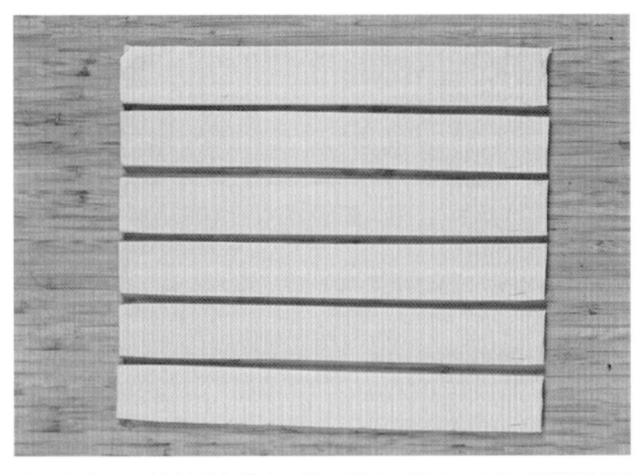

1 取出开酥并松弛好的可颂面团，用开酥机把面团的宽度压至 28 厘米，然后再换方向压长，最终厚度压到 3 毫米。取出把面团切割成长 25 厘米、宽 4 厘米。

2 面团表面喷水，然后卷起来。

3 把面团切面朝上放入大鼓模具（型号：DS1830380）。

4 放入醒发箱（温度 30℃，湿度 75%）醒发 50 分钟。面团醒发好后约到模具八分满，然后在表面盖一张耐高温油布，再压一个烤盘，放入烤箱，上火 170℃、下火 170℃，烘烤 18 ~ 20 分钟。烤至表面金黄即可出炉。

5 面包烤好放凉后，用锯刀从中间对半切开，先在底部放上大约 10 克芝麻菜，然后再放一片西红柿。

6 放上一块同等大小煎好的牛肉饼，挤上 10 克沙拉酱，再放半片芝士。

7 放上一个荷包蛋（荷包蛋上撒黑胡椒粉调味）。

8 再放上 10 克芝麻菜。

9 最后把另一半面包盖在表面即可。

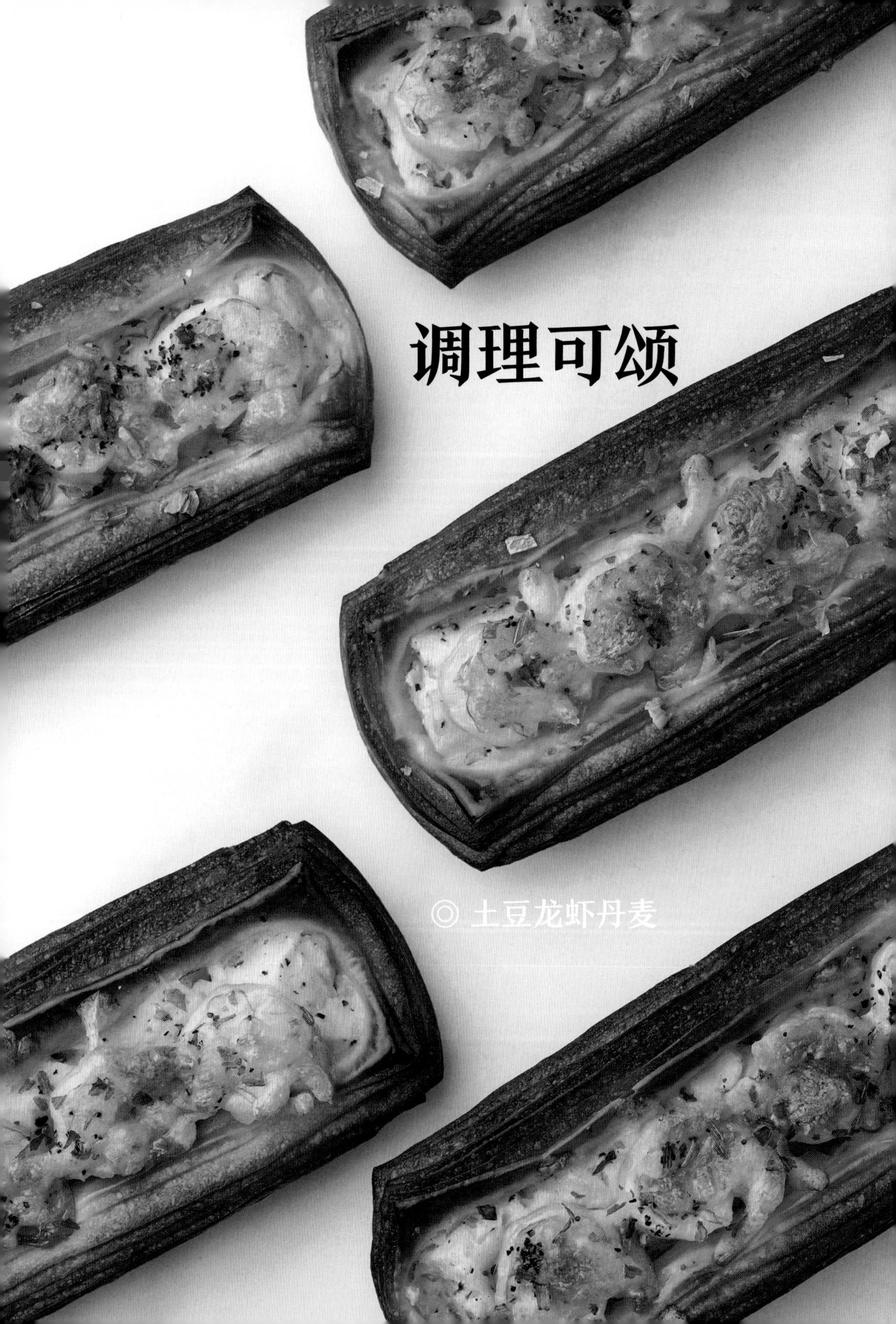

调理可颂

◎ 土豆龙虾丹麦

土豆龙虾丹麦

材料（可制作 16 个）

土豆馅

蒸熟的土豆 500 克

黑胡椒粉 3 克

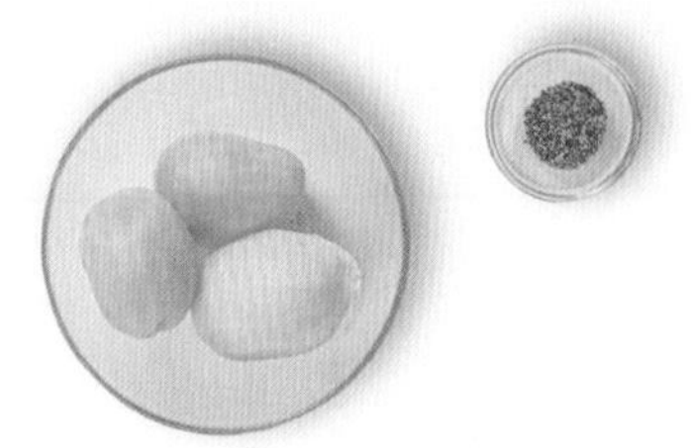

其他

可颂面团（见 P24）1000 克

虾仁 64 颗

黑胡椒粉适量

马苏里拉芝士碎 160 克

蛋液适量

做法

制作土豆馅

1 把黑胡椒粉加入蒸熟的土豆中，碾碎。

2 用刮刀搅拌均匀，然后装裱花袋备用。

整形与组装

3 取出开酥并松弛好的可颂面团，用开酥机把面团的宽度压至 32 厘米，然后再换方向压长，最终厚度压到 3 毫米。取出把面团切割成长 12 厘米、宽 8 厘米。

4 把面团摆放在五槽法棍烤盘上，放入醒发箱（温度 30℃，湿度 75%）醒发 60 分钟。

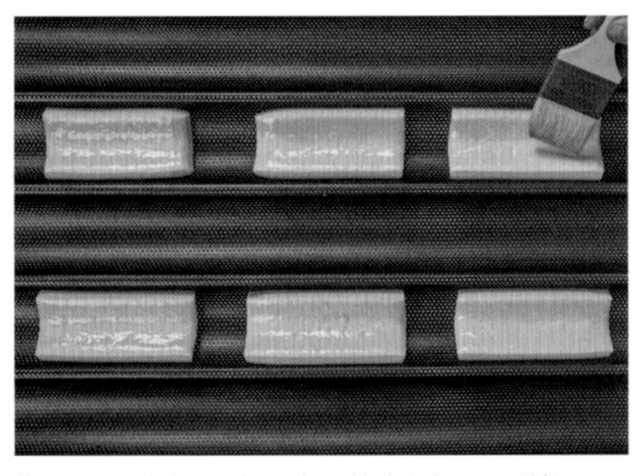

5 面团醒发好取出，表面均匀刷一层蛋液。

6 在面团中心处挤上一条土豆馅，重量约 30 克。

7 在土豆馅上放 4 颗虾仁，再撒适量黑胡椒粉。

8 最终表面撒上 10 克马苏里拉芝士碎，然后放入烤箱，上火 220℃、下火 170℃，烘烤 15～18 分钟。烤至表面金黄即可出炉。

◎ 牛肉三角酥

牛肉三角酥

⊗ **材料**（可制作 12 个）

可颂面团（见 P24）1000 克

咖喱牛肉酱（现成）360 克

蛋液适量

黑芝麻适量

⊗ **做法**

1 取出开酥并松弛好的可颂面团，用开酥机把面团的宽度压至 34 厘米，然后再换方向压长，最终厚度压到 3 毫米。取出把面团切割成边长 11 厘米的正方形。

2 用擀面杖从面团的中心处往外面擀，把其中一角擀薄。

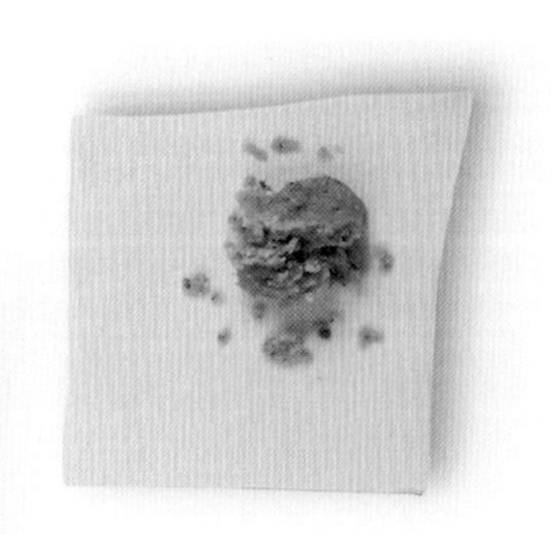

3 在擀薄的面团中心处挤上 30 克买来的咖喱牛肉酱。

4 如图所示将面团对折，把馅料包裹住，上面的面皮要比下面的面皮盖出 0.5 厘米左右，然后用美工刀在表面划出条纹刀口，划破面团表皮即可。

5 把面团均匀摆放在烤盘上，放入醒发箱（温度 28℃，湿度 75%）醒发 60 分钟，面团醒发好后取出，表面均匀刷一层蛋液。

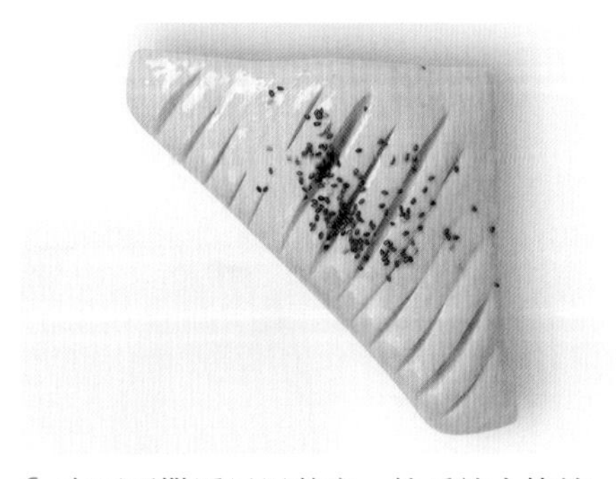

6 表面再撒适量黑芝麻，然后放入烤箱，上火 220℃、下火 180℃，烘烤 18 ~ 20 分钟。烤至表面金黄即可出炉。

◎ 培根香肠丹麦

培根香肠丹麦

⊗ **材料**（可制作 15 个）

可颂面团（见 P24）1000 克

长 32 厘米的德式香肠 2 根

培根 15 片

黑胡椒粉适量

马苏里拉芝士碎 75 克

⊗ **做法**

1 取出开酥并松弛好的可颂面团，用开酥机把面团的宽度压至 32 厘米，然后再换方向压长，最终厚度压到 3 毫米。取出把面团切割成长 30 厘米、宽 4 厘米。

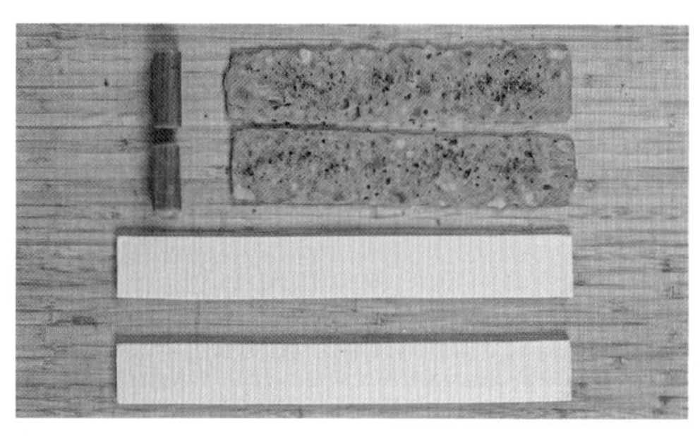

2 把香肠切成 4 厘米长的段；再准备培根，表面撒上适量黑胡椒粉。

3 把香肠放在培根上，用培根把香肠卷起来。

4 再把卷好的培根放到面团上卷起来，切面朝上。

5 把整形好的面团放到 4 寸汉堡模具中，放入醒发箱（温度 30℃，湿度 75%）醒发 60 分钟。

6 醒发好后，在香肠上面撒 5 克马苏里拉芝士碎，然后放入烤箱，上火 220℃、下火 170℃，烘烤 18 ~ 20 分钟。烤至表面金黄色即可出炉。

◎ 丹麦比萨

丹麦比萨

❀ 材料（可制作 23 个）

可颂面团（见 P24）1000 克
奥尔良鸡排粒 460 克
圣女果 230 克
芦笋丁 230 克
洋葱丁 230 克
沙拉酱适量
马苏里拉芝士碎 230 克
蛋液适量

❀ 做法

1 取出开酥并松弛好的可颂面团，用开酥机把面团的宽度压至 32 厘米，然后再换方向压长，最终厚度压到 3.5 毫米。取出把面团切割成长 50 厘米、宽 30 厘米。

2 用美工刀把面团切割成长 50 厘米、宽 1.5 厘米的长条。

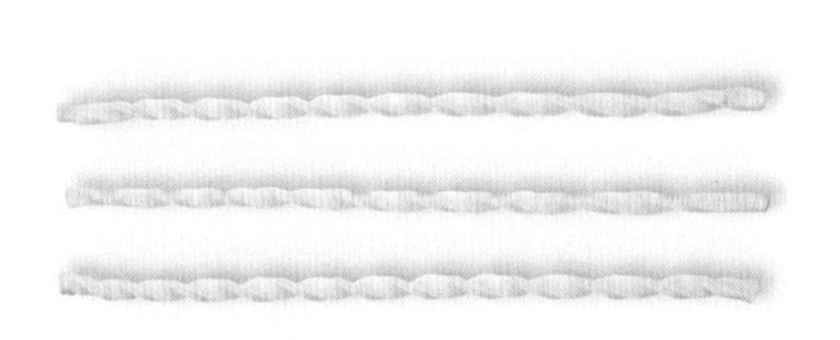

3 把面团从两边反方向扭曲成麻花状。

4 把面团转圈整形成圆形，均匀摆放在烤盘上，放入醒发箱（温度 30℃，湿度 75%）醒发 60 分钟。

5 面团醒发好后取出，表面均匀刷一层蛋液。

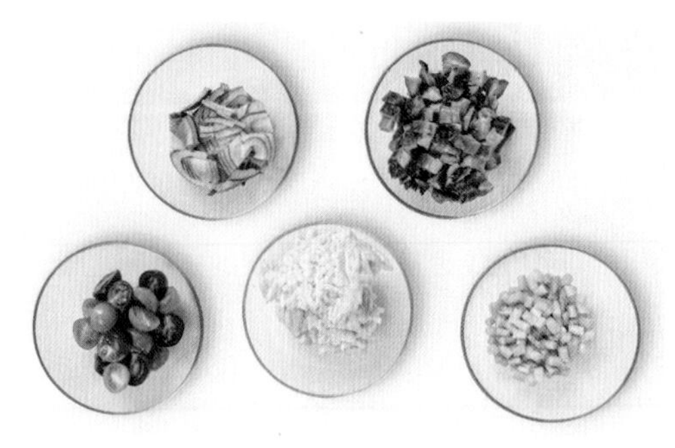

6 准备好面团表面装饰需要的食材：洋葱丁、奥尔良鸡排粒、圣女果、马苏里拉芝士碎和芦笋丁。

7 先在面团表面放上 20 克奥尔良鸡排粒。

8 再放上 10 克芦笋丁、10 克圣女果和 10 克洋葱丁。

9 最终在表面撒上 10 克马苏里拉芝士碎，再挤适量沙拉酱，然后放入烤箱，上火 220℃、下火 170℃，烘烤 18~20 分钟。烤至表面金黄即可出炉。

◎ 罗勒香肠丹麦

罗勒香肠丹麦

材料（可制作 15 个）

可颂面团（见 P24）1000 克
蛋液适量
奇亚籽适量
罗勒酱（现成）150 克
德式香肠 15 根

做法

1 取出开酥并松弛好的可颂面团，用开酥机把面团的宽度压至 26 厘米，然后再换方向压长，最终厚度压到 3.5 毫米。放在木板上，将宽边两头去边裁切到 24 厘米，然后用分割器量好尺寸（横向间隔 8 厘米）。

2 最终将面团裁切分割成长 12 厘米、宽 8 厘米。

3 用美工刀在面团表面轻轻划出条形刀口，不要划断。

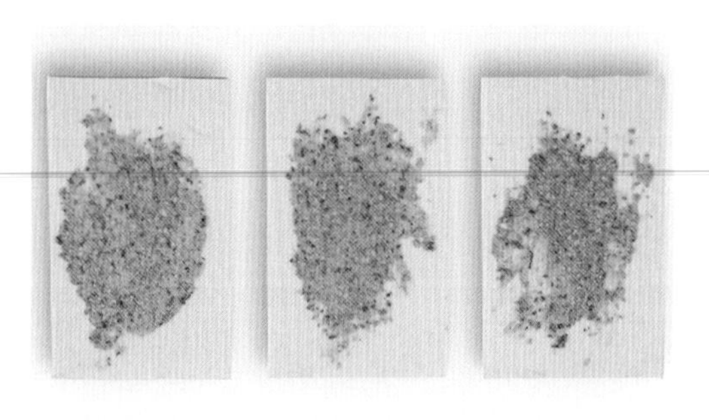

4 翻面，将没有划刀口的那面朝上，涂抹 10 克罗勒酱。

5 将 1 根德式香肠（约 30 克）纵向一切为二，分别放在面团表面距离上下两端各 1/3 的位置，把底部面团卷起包裹住香肠。

6 再把顶端面团也卷起包裹住香肠，面团接口处按压在一起。

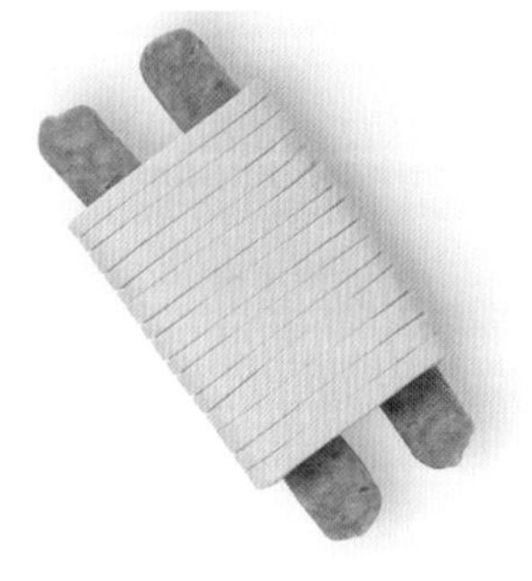

7 将整形好的面团放入烤盘，再放入醒发箱（温度 28℃，湿度 75%）醒发 70 分钟。

8 将醒发好的面团均匀地刷上蛋液。

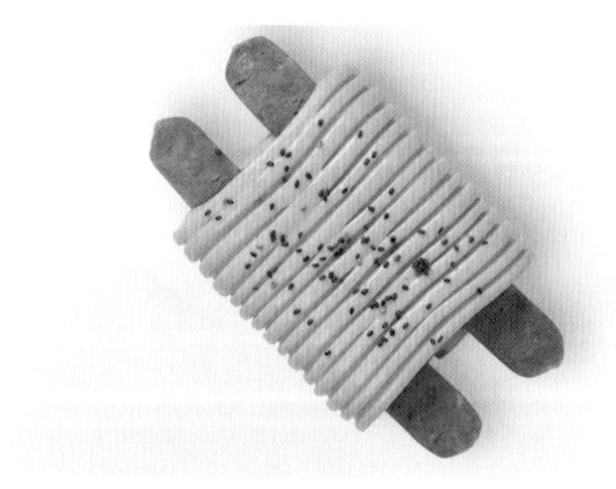

9 撒上奇亚籽，放入烤箱，上火 230℃、下火 180℃，烘烤 15 分钟。烤至表面金黄即可出炉。

花式丹麦

◎ 桂花啤梨丹麦

桂花啤梨丹麦

❁ 材料（可制作 15 个）

杏仁榛子酱

Echiré 恩喜村淡味黄油 68 克

细砂糖 68 克

全蛋 68 克

榛子粉 136 克

杏仁粉 27 克

王后精制低筋面粉 20 克

玉米淀粉 14 克

其他

可颂面团（见 P24）1000 克

蛋液适量

防潮糖粉适量

桂花干适量

镜面果胶适量

啤梨 15 个

千叶吊兰适量

❁ 做法

制作杏仁榛子酱

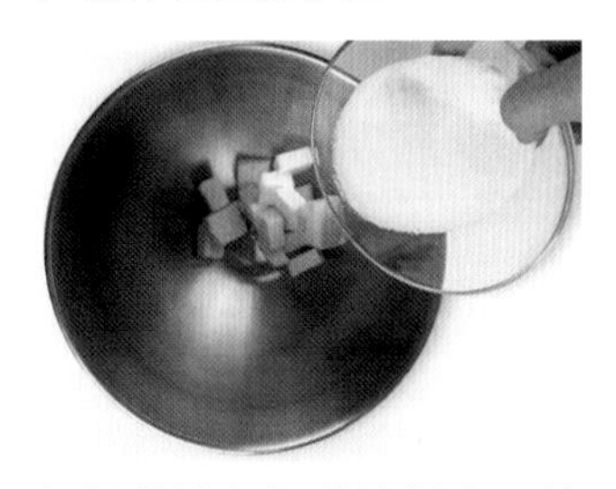

1 把黄油和细砂糖混合，快速打至发白状态（黄油可提前放置于室温下软化）。

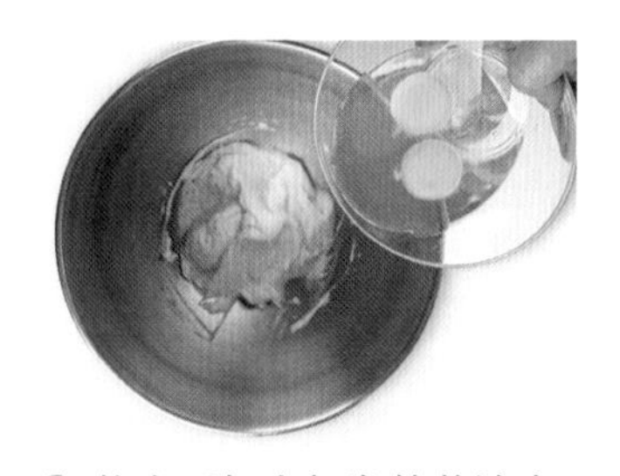

2 将全蛋加入打发的黄油中，搅拌均匀（全蛋可提前放置于室温下回温）。

3 依次加入榛子粉、杏仁粉和玉米淀粉。

4 加入低筋面粉，搅拌均匀。

5 搅拌均匀后装入裱花袋中，用不完可冷冻保存。

分割与组装

6 取出开酥并松弛好的可颂面团，用开酥机把面团的宽度压至 32 厘米，然后再换方向压长，最终厚度压到 3.5 毫米。放在木板上，将宽度两头去边裁切到 30 厘米。

7 将面团宽度三等分，每块宽 10 厘米，然后用分割器量好尺寸（横向间隔 10 厘米）。

8 最终将面团裁切分割成边长 10 厘米的正方形。

9 将正方形面皮放入 4 寸汉堡模具中。

10 在表面刷蛋液，挤 25 克杏仁榛子酱。

11 最后放上削皮的啤梨，放入醒发箱（温度 28℃，湿度 75%）醒发 40 分钟。然后放入烤箱，上火 220℃、下火 190℃，烘烤约 20 分钟。烤至表面金黄即可出炉。面包冷却后在表面刷镜面果胶，撒上桂花干装饰，在边角处撒上防潮糖粉，然后再装饰千叶吊兰即可。

◎ 焦糖坚果丹麦

焦糖坚果丹麦

材料（可制作 15 个）

卡仕达芝士馅
牛奶 174 克
速溶卡仕达粉 62 克
奶油芝士 140 克

焦糖坚果
细砂糖 160 克
淡奶油 115 克
烤熟的腰果 130 克
烤熟的榛子 130 克

其他
可颂面团（见 P24）1000 克
蛋液适量
千叶吊兰适量
防潮糖粉适量

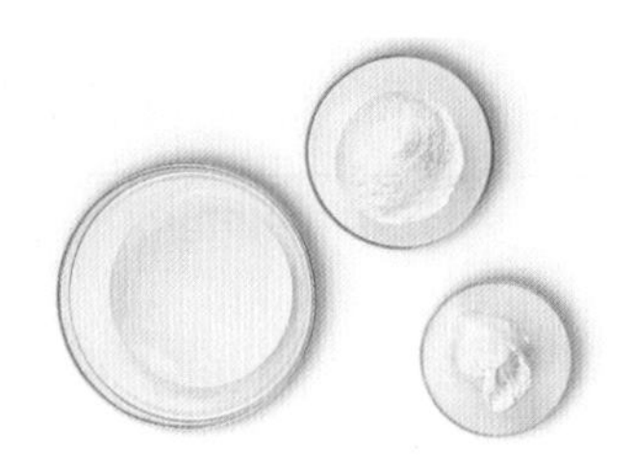

做法

制作卡仕达芝士馅

1 将速溶卡仕达粉加入牛奶中，顺序不可颠倒，否则会形成颗粒。

2 快速搅拌至细腻均匀。

3 将奶油芝士提前在室温下放置软化，加入步骤 2 的混合物中。

4 再次搅拌均匀至细腻。

制作焦糖坚果

5 将做好的卡仕达芝士馅装入裱花袋冷藏保存。

6 将细砂糖倒入厚底锅中，放在电磁炉上烧至焦糖色，然后将电磁炉调至 120 瓦，倒入淡奶油搅拌均匀。

7 搅拌均匀后加入烤熟的腰果和榛子，再次搅拌均匀即可。

分割与组装

8 参照桂花啤梨丹麦制作边长 10 厘米的正方形面皮（做法见 P71 ~ 72 的步骤 6 ~ 步骤 8），将面皮放入 4 寸汉堡模具中，放入醒发箱（温度 28℃，湿度 75%）醒发 60 分钟。

9 在醒发好的面团表面均匀地刷上蛋液。

10 挤入 25 克卡仕达芝士馅，然后放入烤箱，上火 220℃、下火 190℃，烘烤 15 分钟。烤至表面金黄即可出炉。面包冷却后，在中间部分放 35 克焦糖坚果，表面用千叶吊兰装饰，在边角处撒上防潮糖粉即可。

◎ 奶油香提丹麦

奶油香提丹麦

⊗ **材料**（可制作 15 个）

卡仕达芝士馅

牛奶 250 克

速溶卡仕达粉 90 克

奶油芝士 200 克

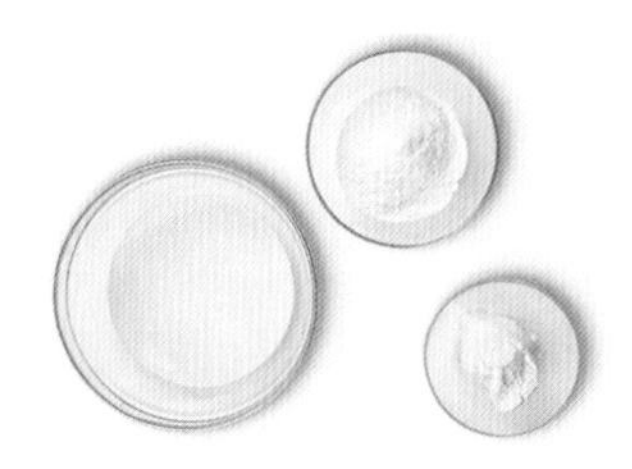

其他

可颂面团（见 P24）1000 克

蛋液适量

绿提子 450 克

防潮糖粉适量

⊗ **做法**

分割与组装

1 参照桂花啤梨丹麦制作边长 10 厘米的正方形面皮（做法见 P71 ~ 72 的步骤 6 ~ 步骤 8），把分割好的正方形面皮放入 4 寸汉堡模具中，放入醒发箱（温度 28℃，湿度 75%）醒发 60 分钟。

2 在醒发好的面团表面均匀地刷上蛋液。

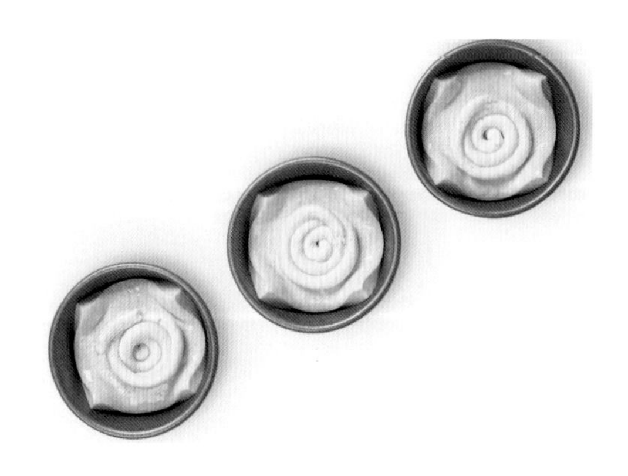

3 挤入 25 克卡仕达芝士馅（做法见 P74 ~ 75 的步骤 1 ~ 步骤 5），然后放入烤箱，上火 220℃、下火 190℃，烘烤约 15 分钟。烤至表面金黄即可出炉。面包冷却后，中间部分再次挤入 10 克卡仕达芝士馅，在边角处撒上防潮糖粉，然后把绿提子对半切开，均匀摆满即可（每个约 30 克绿提子）。

◎ 柠檬唱片丹麦

柠檬唱片丹麦

⊗ **材料**（可制作 30 个）

可颂面团（见 P24）2000 克

糖渍柠檬丁 200 克

防潮糖粉适量

⊗ **做法**

1 取出开酥并松弛好的可颂面团，平均分成 2 份，用开酥机把面团的宽度压至 32 厘米，然后再换方向压长，最终厚度压到 3 毫米。取出把面团切割成长 40 厘米、宽 30 厘米。

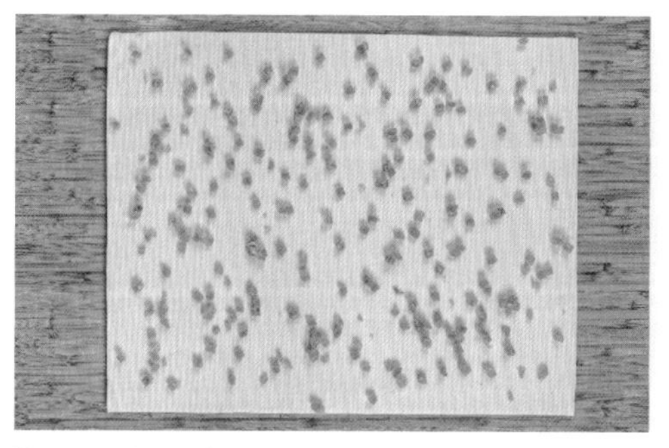

2 面团表面喷水，均匀撒上一层糖渍柠檬丁（约 200 克）。

3 在表面再盖上一张同等大小的面团。

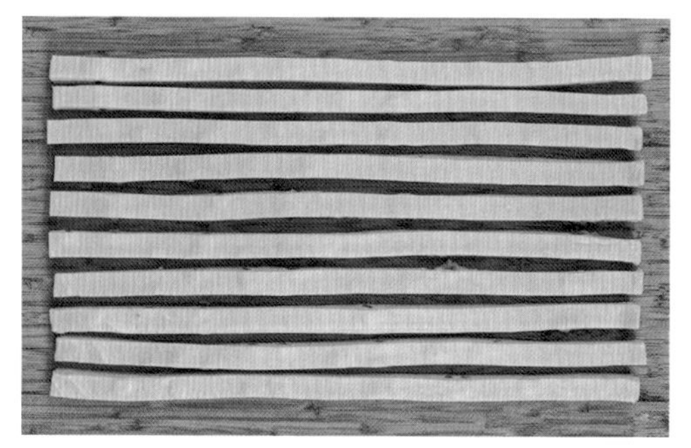

4 分割成长 40 厘米、宽 1 厘米的长条（每个长条约 70 克）。

5 把面团从两头反方向扭成麻花形。

6 把面团卷成圆形。

7 把面团放入三能 6 寸慕斯圈（型号：SN3858），放入醒发箱（温度 30℃，湿度 75%）醒发 60 分钟。

8 面团醒发好后约到模具八分满，在表面盖一张耐高温油布，再压一个烤盘，放入烤箱，上火 170℃、下火 170℃，烘烤 20～22 分钟。烤至表面金黄即可出炉。

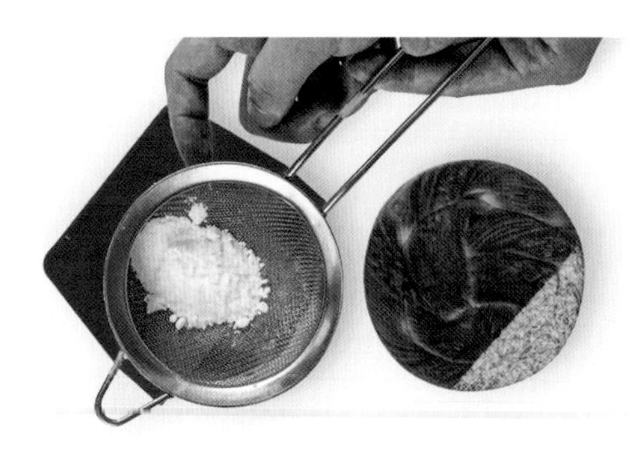

9 出炉后，在面包表面筛防潮糖粉装饰即可。

◎ 开心果树莓丹麦

开心果树莓丹麦

材料（可制作 15 个）

卡仕达芝士馅
牛奶 174 克
速溶卡仕达粉 62 克
奶油芝士 139 克

树莓酱
冷冻树莓果泥 263 克
细砂糖 79 克
葡萄糖 24 克
吉利丁 9 克

红色贴皮面团
配方见 P42

其他
可颂面团（见 P24）1000 克
镜面果胶适量
开心果碎适量

做法

制作树莓酱

1 把冷冻树莓果泥、细砂糖和葡萄糖倒入厚底锅中。

2 烧开后关火，加入吉利丁，搅拌均匀。

3 将树莓酱倒入直径 4 厘米的半圆硅胶模具，放入冷冻冰箱即可。

分割与组装

4 取出 1000 克开酥并松弛好的可颂面团，擀压成长 22 厘米、宽 17 厘米，表面喷水。

5 把隔夜松弛好的红色贴皮面团（参照 P42 做成长 22 厘米、宽 17 厘米的长方形）取出，盖在步骤 4 的面团表面，冷藏松弛 90 分钟。

6 用开酥机把步骤 5 的面团宽度压至 35 厘米，然后再换方向压长，最终厚度压到 3.5 毫米。放在木板上，将宽度两头去边裁切到 33 厘米，然后用分割器量好尺寸，进行裁切。

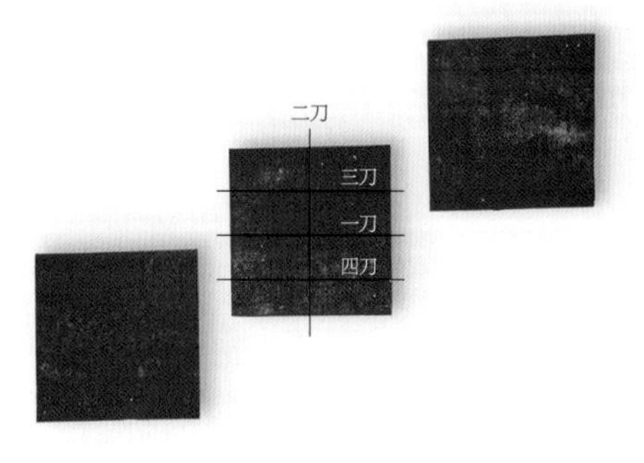

7 最终将面团分割成边长 11 厘米的正方形，再把正方形面皮切四刀成 8 个小长方形。

8 将 8 个小长方形面皮对折放入 4 寸汉堡模具中；将边角料擀薄，用模具（型号：三能 SN3822）刻出面片，放在中央。

9 放入醒发箱（温度 28℃，湿度 75%）醒发 60 分钟。醒发完成后，在中间挤 25 克卡仕达芝士馅（做法见 P74～75 的步骤 1～步骤 5），放入烤箱，上火 220℃、下火 180℃，烘烤 15～18 分钟。烤至表面微微上色即可出炉，冷却后在表面刷镜面果胶，撒开心果碎，中间放上提前做好的树莓酱即可。

◎ 肉桂杏仁提子卷

肉桂杏仁提子卷

⊗ **材料**（可制作 15 个）

可颂面团（见 P24）1200 克

肉桂提子馅

提子干 120 克
肉桂粉 10 克
白兰地 50 克

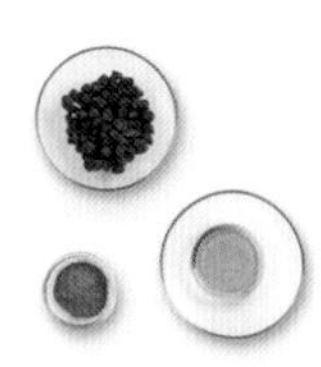

杏仁榛子酱

Echiré 恩喜村淡味黄油 80 克
细砂糖 80 克
全蛋 80 克
榛子粉 160 克
杏仁粉 32 克
王后精制低筋面粉 24 克
玉米淀粉 16 克

⊗ **做法**

制作肉桂提子馅

1 把白兰地加入提子干中搅拌均匀。

2 把步骤 1 的材料倒入单柄锅，加热至白兰地浸入到提子干中。

3 把步骤 2 的材料倒入玻璃碗中，加肉桂粉，搅拌均匀。

◈ 整形与组装

4 取出开酥并松弛好的可颂面团，用开酥机把面团的宽度压至 32 厘米，然后再换方向压长，最终厚度压到 4 毫米。把面团切割成长 45 厘米、宽 30 厘米。

5 在面团表面挤上 450 克杏仁榛子酱（做法见 P71 的步骤 1～步骤 5），涂抹均匀，顶部留 2 厘米不涂抹，让接口黏合度更好。

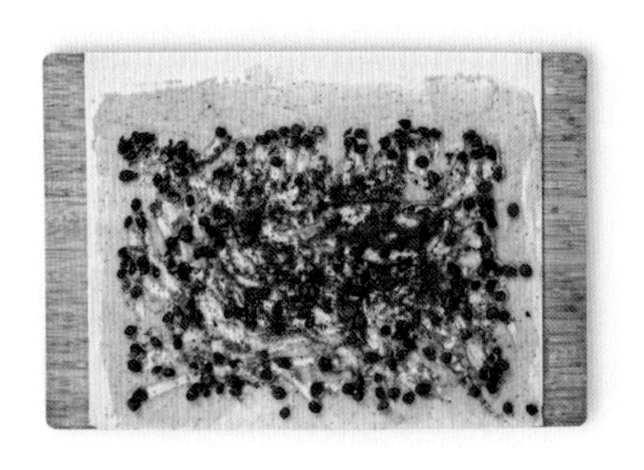

6 再均匀撒上 150 克肉桂提子馅。

7 如图所示，把面团从一端卷起。

8 把面团揉搓均匀后，用刀切分成 3 厘米宽的段，让切面朝上。

9 把面团放入 6 寸慕斯圈（型号：SN3858），接口处贴住模具边缘，均匀摆放在烤盘上，然后放入醒发箱（温度 30℃，湿度 75%）醒发 120 分钟。醒发好后直接放入烤箱，上火 220℃、下火 170℃，烘烤 18～20 分钟。烤至表面金黄即可出炉。

◎ 树莓安曼卷

树莓安曼卷

⊗ 材料（可制作 15 个）

卡仕达芝士馅

牛奶 110 克

速溶卡仕达粉 40 克

奶油芝士 88 克

树莓酱

冷冻树莓果泥 175 克

细砂糖 53 克

葡萄糖 16 克

吉利丁 6 克

注：参照 P82 做法，加入吉利丁搅拌均匀后，将树莓酱装入裱花袋，放冰箱冷藏备用。

其他

可颂面团（见 P24）1000 克

Echiré 恩喜村淡味片状黄油 250 克

赤砂糖 300 克

新鲜树莓 15 颗

千叶吊兰适量

⊗ 做法

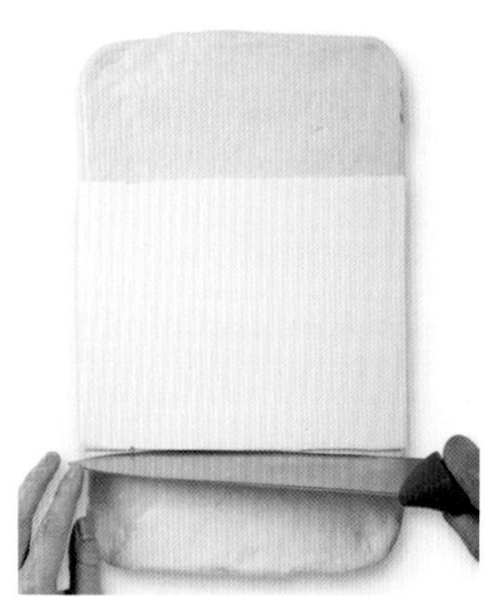

1 取出提前准备好的可颂面团，隔夜松弛好后，擀压成长 50 厘米、宽 30 厘米，底部朝上，将片状黄油擀压成长 30 厘米、宽 25 厘米。把片状黄油放在面团中部，侧边要和面团保持平整。用牛角刀把片状黄油两侧面团切断，防止面团对折后边缘过厚。

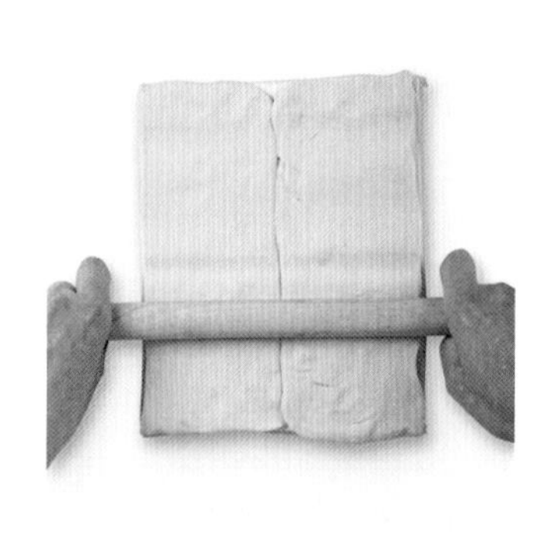

2 把两侧切断的面团从两边往中间对折，接口处捏合到一起。用擀面杖在表面轻轻按压，让面团和黄油黏合到一起。

3 用开酥机把面团顺着接口的方向，依次递进地压薄，最终压到 5 毫米厚，把面团两端切平整，平均切分成 4 块，开始第一次折叠，折一个 4 折。

4 再次用开酥机把面团接依次递进地压薄，最终压到 5 毫米厚，把面团两端切平整，平均切分成 3 块，在其中 2 块面团上均匀撒赤砂糖，每面各 150 克，开始第二次折叠，折一个 3 折。

5 用保鲜膜密封包裹起来，放冷藏冰箱里松弛 90 分钟。

6 取出松弛好的面团，用开酥机把面团的宽度压至 32 厘米，然后再换方向压长，最终厚度压到 6 毫米。放在木板上，将宽度两头去边裁切到 30 厘米。用分割器量好尺寸。

7 最终将面团裁切分割成边长 10 厘米的正方形。

8 把分割好的正方形面皮四个角往中间折叠按压。

9 面团倒扣放入 4 寸汉堡模具中，放入醒发箱（温度 28℃，湿度 75%）醒发 120 分钟。醒发好的面团盖上高温布，压上烤盘，放入风炉，180℃烘烤约 18 分钟。烤至表面金黄即可出炉，面包冷却后中间部分挤入 10 克树莓酱，表面挤上 15 克卡仕达芝士馅（做法见 P74 ~ 75 的步骤 1 ~ 步骤 5），再装饰 1 颗新鲜树莓（树莓里挤入树莓酱），最后装饰千叶吊兰即可。

◎ 凤梨苹果丹麦

凤梨苹果丹麦

⊗ 材料（可制作 14 个）

凤梨苹果馅

凤梨丁 200 克

苹果丁 200 克

细砂糖 50 克

蜂蜜 20 克

Echiré 恩喜村淡味黄油 30 克

红色贴皮面团

配方见 P42

其他

可颂面团（见 P24）1000 克

开心果碎适量

镜面果胶适量

⊗ 做法

制作凤梨苹果馅

1 把细砂糖倒入单柄锅中，加入蜂蜜。

2 用电磁炉加热，开中火熬至焦糖色。

3 加入凤梨丁和苹果丁。

4 把凤梨丁、苹果丁翻炒至出水，表面上水后加入黄油，翻炒均匀。

5 最终炒至浓稠，倒入碗中放凉备用。

整形与组装

6 取出 1000 克开酥并松弛好的可颂面团，擀压成长 35 厘米、宽 30 厘米，表面喷水，然后把隔夜松弛好的红色贴皮面团取出（长 35 厘米、宽 30 厘米），盖在原色面团表面。

7 用开酥机把面团的宽度压至 32 厘米，然后再换方向压长，最终厚度压到 3 毫米。然后取出，把面团切割成中心高度 18 厘米、中心宽度 10 厘米的菱形。

8 用拉网刀从中心处把面团一半拉出网状刀口。

9 把面团翻面，在中心放上 30 克凤梨苹果馅。

10 把面团从中心对折，把馅料包裹住。

11 把面团均匀摆放在烤盘上，放入醒发箱（温度 30℃，湿度 75%）醒发 60 分钟。面团醒发好后放入烤箱，上火 200℃、下火 160℃，烘烤 15 ~ 18 分钟。

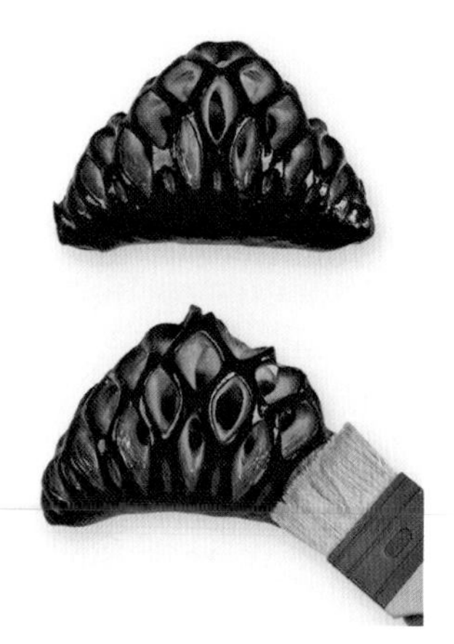

12 烤好后取出，在表面刷一层镜面果胶。

13 最后在面包边缘再粘一层开心果碎装饰即可。

碱水酥皮

◎ 碱水普雷结丹麦

碱水普雷结丹麦

材料（可制作 20 个）

碱水

水 1000 克

烘焙碱 40 克

其他

可颂面团（见 P24）1000 克

白芝麻适量

做法

制作碱水

1 将烘焙碱倒入水中，搅拌均匀。

2 放在电磁炉上烧开，冷却后就可使用。

整形

3 取出开酥并松弛好的可颂面团，用开酥机把面团的宽度压至 22 厘米，然后再换方向压长，最终厚度压到 6 毫米，放在木板上，将宽度两头去边裁切到 20 厘米。

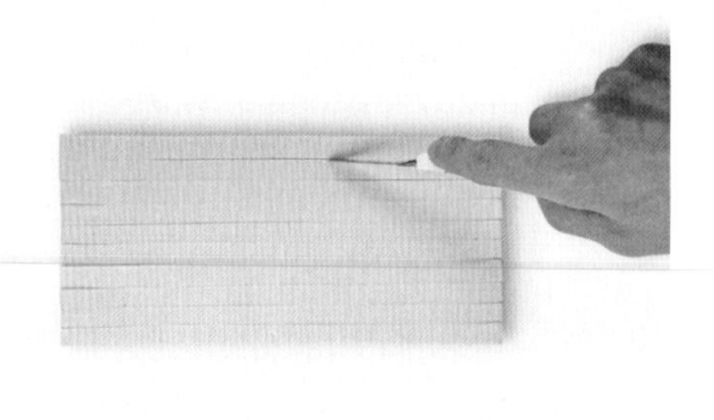

4 用分割器量好尺寸，进行裁切。

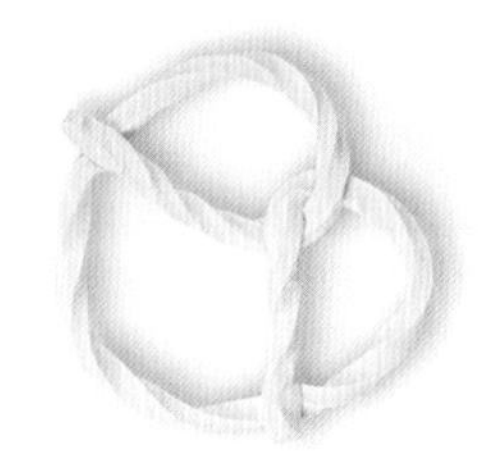

5 最终将面团裁切分割成长 70 厘米、宽 1 厘米的长条。

6 将面团搓成麻花形，然后编成德国结的形状放入烤盘，并放入冷冻冰箱冻硬。

7 取出在碱水中浸泡 30 秒。

8 然后将泡好的面团放在烤盘中，放入醒发箱（温度 28℃，湿度 75%）醒发 30 分钟，醒发好后在表面撒白芝麻。放入风炉，170℃烘烤 15 ~ 18 分钟，出炉后在表面喷薄薄一层水，增加光泽感即可。

◎ 川味辣椒碱水结

川味辣椒碱水结

⊗ **材料**（可制作 13 个）

碱水

配方见 P94

其他

可颂面团（见 P24）1000 克

川味辣椒面适量

Echiré 恩喜村淡味黄油适量

⊗ **做法**

1 取出开酥并松弛好的可颂面团，用开酥机把面团的宽度压至 22 厘米，然后再换方向压长，最终厚度压到 6 毫米，放在木板上，将宽度两头去边裁切到 20 厘米。

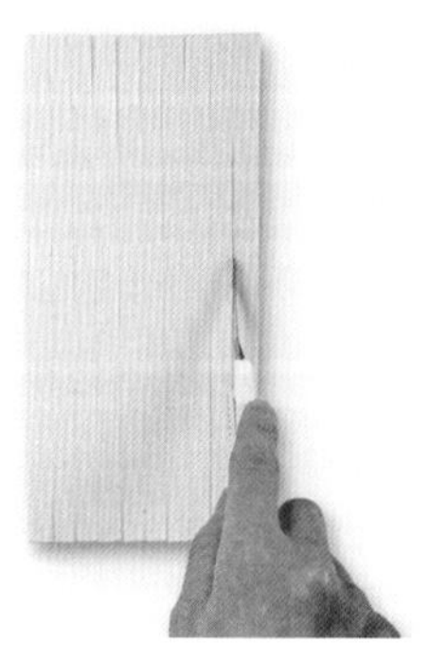

2 用分割器量好尺寸，进行裁切。

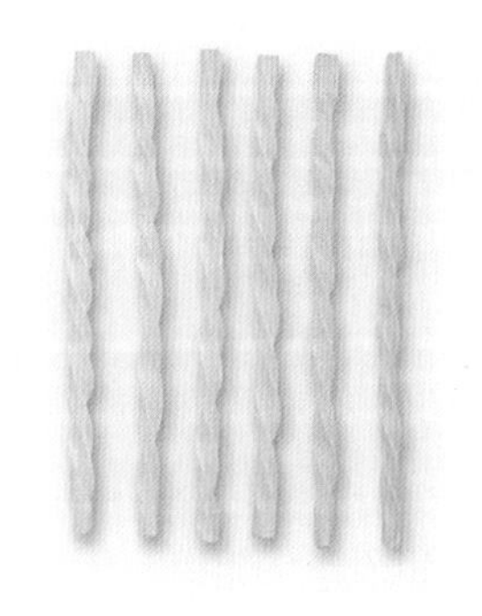

3 最终将面团裁切分割成长 20 厘米、宽 1.5 厘米的长条，然后扭成麻花形，放入急速冷冻机冻硬。

4 取出在碱水中浸泡 30 秒。

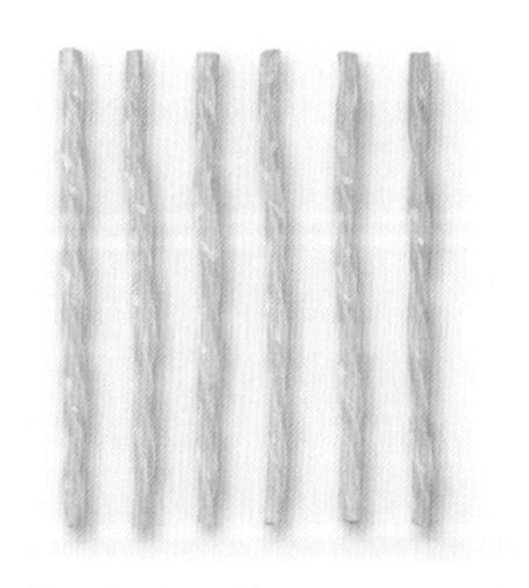

5 然后将泡好的面团放在烤盘中，放入醒发箱（温度 28℃，湿度 75%）醒发 30 分钟，放入风炉，170 ℃烘烤 15 ~ 18 分钟。

6 出炉后在表面刷薄薄一层黄油（熔化成液体），表面蘸上川味辣椒面即可。

◎ 调理碱水丹麦

调理碱水丹麦

֎ **材料**（可制作 16 个）

鸡肉馅

烟熏鸡胸肉丁 315 克
青甜椒粒 45 克
红甜椒粒 45 克
玉米粒 45 克
沙拉酱 45 克
黑胡椒粉 3 克

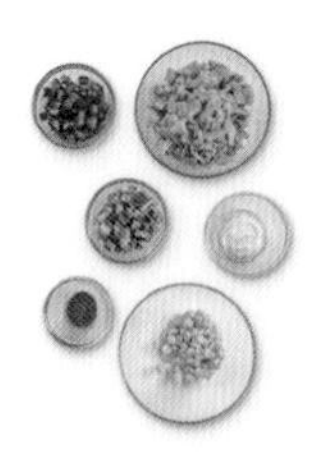

碱水

配方见 P94

其他

可颂面团（见 P24）1000 克
沙拉酱适量
马苏里拉芝士碎 192 克

֎ **制作步骤**

制作鸡肉馅

1 把青甜椒粒和红甜椒粒加入鸡胸肉丁中。

2 加入玉米粒，拌匀。

3 加入黑胡椒粉。

4 加入沙拉酱，拌匀。

整形与组装

5 拌匀后放置备用。

6 取出开酥并松弛好的可颂面团，用开酥机把面团的宽度压至 32 厘米，然后再换方向压长，最终厚度压到 3 毫米。取出把面团切割成边长 10 厘米的正方形。

7 把面团的一个角往中心对折，另外一个对角也往中心对折压紧。然后把面团摆放在烤盘上，密封放冷冻冰箱冻硬。

8 取出在碱水中浸泡 30 秒，然后捞出放在网架上沥干。

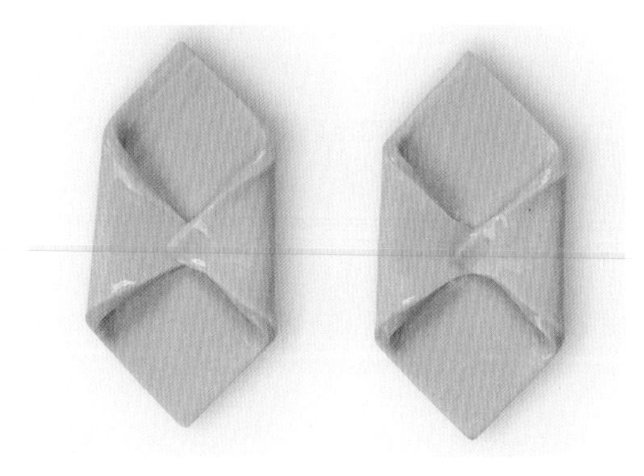

9 把面团摆放在烤盘上，常温回温解冻 30 分钟。

10 在面团中心处放 30 克鸡肉馅。

11 在馅料上再放 12 克马苏里拉芝士碎。

12 最后在表面挤适量沙拉酱，然后放入烤箱，上火 210℃、下火 160℃，烘烤 18~20 分钟。烤至表面金黄即可出炉。

蒜香碱水香肠起酥面包

⊛ **材料**（可制作 10 个）

碱水

配方见 P94

其他

可颂面团（见 P24）1000 克
长 32 厘米的德式香肠 10 根
蒜泥酱（现成）适量

⊛ **做法**

1 取出开酥并松弛好的可颂面团，用开酥机把面团的宽度压至 34 厘米，然后再换方向压长，最终厚度压到 3.5 毫米，放在木板上，将宽度两头去边裁切到 32 厘米。

2 然后用分割器量好尺寸，进行裁切。

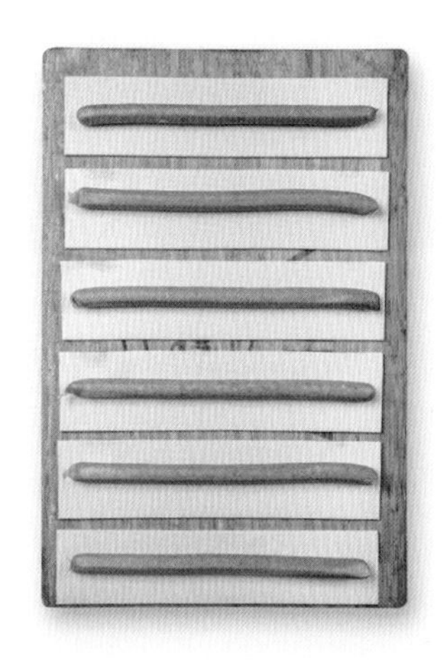

3 最终将面团裁切分割成长 32 厘米、宽 8 厘米，在裁切好的面团表面放一根德式香肠。

4 将面团侧面用手压薄，然后将面团与香肠卷起，把压薄的面团压在卷起面团的底部。

5 用美工刀在面团顶部割 5 刀，每个刀口处都要割开香肠。

6 整形完成后，均匀摆放到烤盘上，然后放在急速冷冻机中冻硬，取出放在有碱水的烤盘中浸泡 30 秒。

7 将泡好的面团放在带孔烤盘垫上，放入醒发箱（温度 28℃，湿度 75%）醒发 30 分钟。放入风炉，170℃烘烤 15~18 分钟，出炉后在表面喷薄薄一层水，然后在香肠刀口处均匀刷上蒜泥酱即可。

布里欧修酥

◎ 布里欧修千层吐司

布里欧修千层吐司

材料（可制作 10 个）

布里欧修面团（见 P22）2200 克

Echiré 恩喜村淡味片状黄油 500 克

开心果碎适量

做法

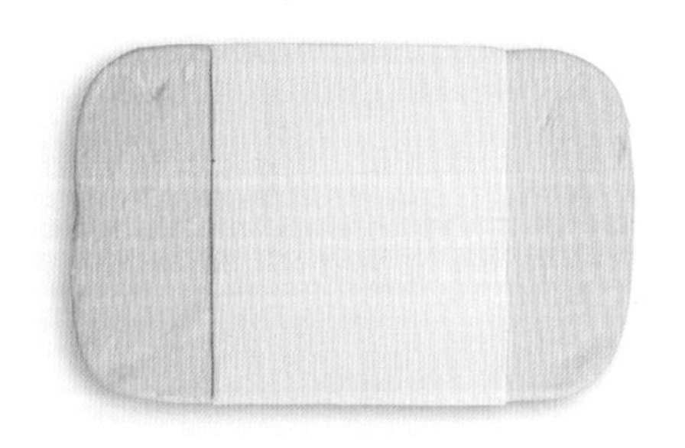

1 取出隔夜松弛好的布里欧修面团，底部朝上，将片状黄油擀压成薄片，尺寸为面团尺寸的一半。然后把黄油放在面团中心位置，侧边要和面团保持平整。

2 用牛角刀把黄油两侧面团切断，防止面团对折后边缘过厚。

3 把两侧切断的面团从两边往中间对折，接口处捏合到一起，用擀面杖在表面轻轻按压，让面团和黄油黏合到一起。

4 用开酥机把面团顺着接口的方向，依次递进地压薄，最终压到 5 毫米厚，把面团两端切平整，平均分成 4 份，然后重叠成在一起，折一个 4 折。

5 再次用开酥机把面团接依次递进地压薄，最终压到 5 毫米厚，把面团两端切平整，平均分成 3 份。

6 把三块面团重叠在一起，折一个 3 折，然后用开酥机稍微压薄，把面团用保鲜膜密封包裹起来，放入冷藏冰箱里松弛 90 分钟。

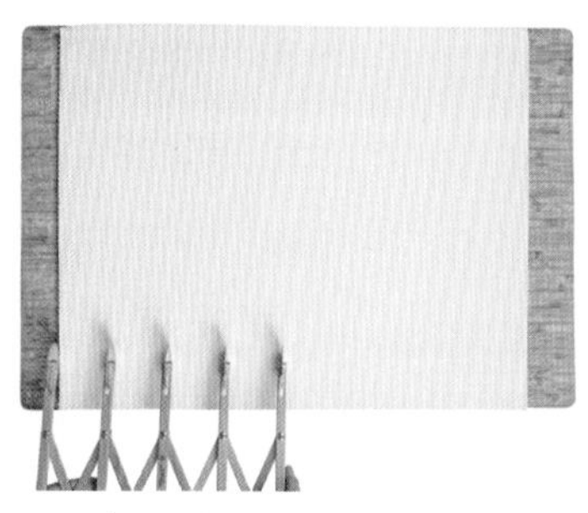

7 面团开酥完松弛好后取出，用开酥机把面团的宽度压至 42 厘米，然后再换方向压长，最终厚度压到 6 毫米，放在木板上，将宽度两头去边裁切成长 50 厘米、宽 40 厘米，然后用分割器量好尺寸，进行裁切。

8 最终将面团裁切分割成长 40 厘米、宽 4.5 厘米。

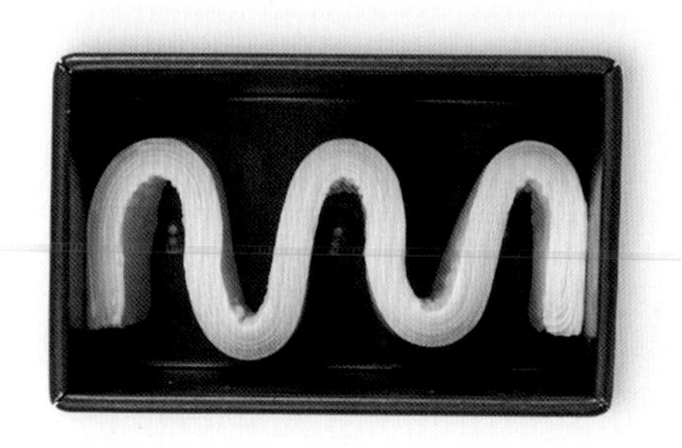

9 把面团弯曲成形，放入 250 克的长方形吐司模具中，放入醒发箱（温度 28℃，湿度 75%）醒发 120 分钟。醒发好后放入烤箱，上火 200℃、下火 190℃，烘烤 28～30 分钟。烤至表面金黄，冷却后点缀少许开心果碎即可。

◎枫糖布里欧修吐司

枫糖布里欧修吐司

⊗ 材料（可制作 10 个）

布里欧修面团（见 P22）2200 克
枫糖片 600 克
核桃碎适量
蛋液适量

⊗ 做法

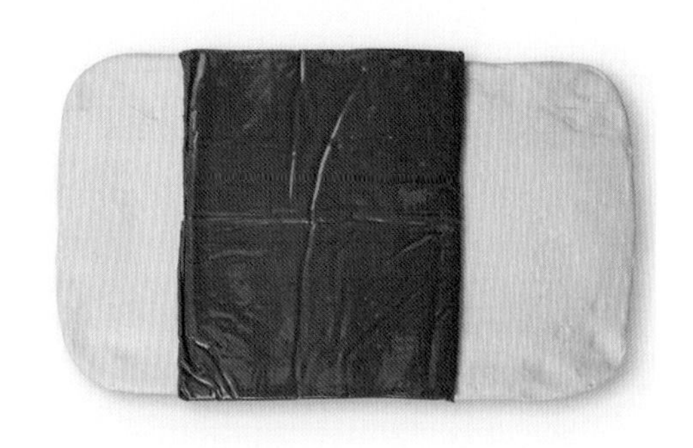

1 取出隔夜松弛好的布里欧修面团，底部朝上，取 600 克枫糖片，尺寸为面团尺寸的一半。然后把枫糖片放在面团中心位置，侧边要和面团保持平整。

2 用牛角刀把枫糖片两侧面团切断，防止面团对折后边缘过厚。

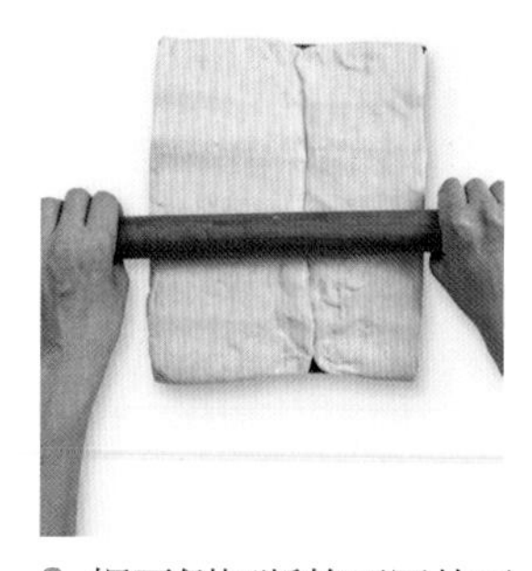

3 把两侧切断的面团从两边往中间对折，接口处捏合到一起，用擀面杖在表面轻轻按压，让面团和枫糖片黏合到一起。

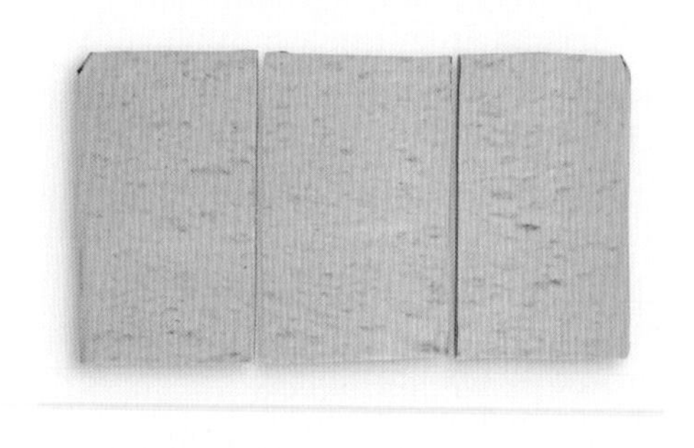

4 用开酥机把面团顺着接口的方向，依次递进地压薄，最终压到 5 毫米厚，把面团两端切平整，平均分成 3 份，重叠在一起，折一个 3 折。然后再次用开酥机把面团依次递进地压薄，最终压到 5 毫米厚，再把面团两端切平整，平均分成 3 份，再次把面团重叠在一起，折第二个 3 折。

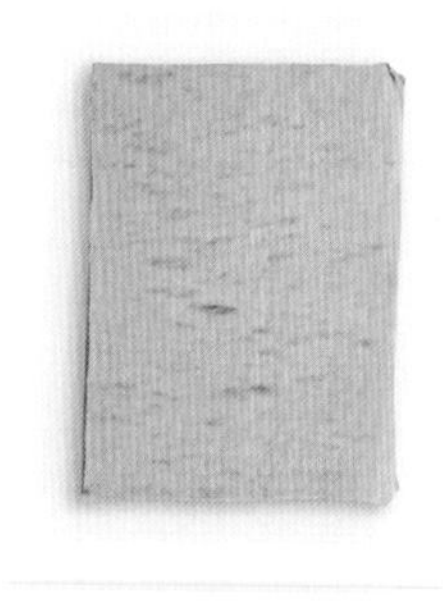

5 用开酥机稍微压薄，把面团用保鲜膜密封包裹起来，放入冷藏冰箱里松弛 90 分钟。

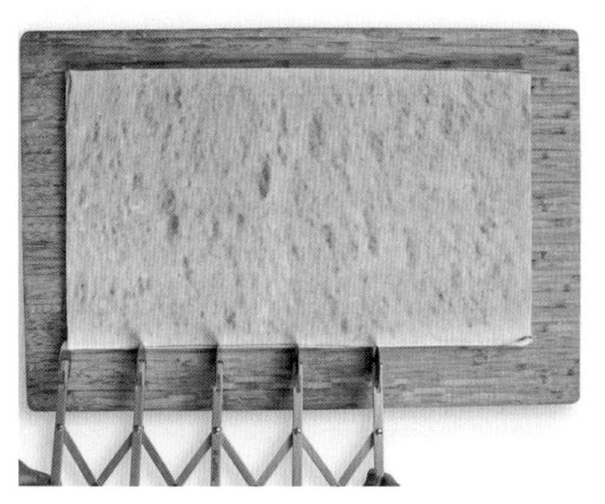

6 面团开酥完松弛好后取出，用开酥机把面团的宽度压至 32 厘米，然后再换方向压长，最终厚度压到 6 毫米，放在木板上，将宽度两头去边裁切成长 50 厘米、宽 30 厘米，然后用分割器量好尺寸，进行裁切。

7 最终将面团裁切分割成长 30 厘米、宽 8 厘米，每个约 280 克。

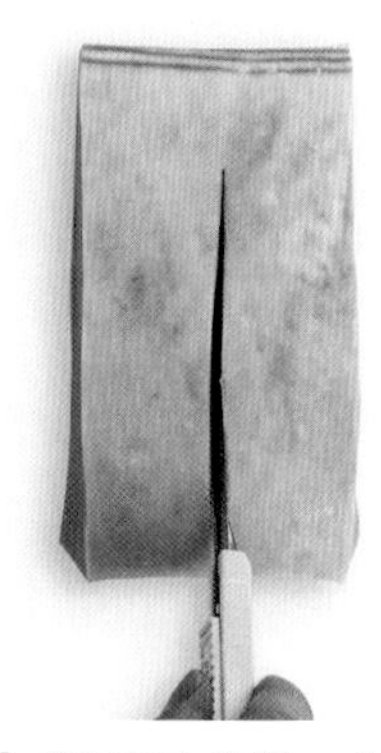

8 把面团对折，中心处用美工刀切一刀，留 2 厘米不用完全切断。

9 把面团打开，从中心刀口处，反方向各扭 2 圈成麻花形。

10 放入 250 克的长方形吐司模具中，再放入醒发箱（温度 28℃，湿度 75%）醒发 120 分钟。

11 醒发好后，大约到模具八分满，取出在表面刷一层蛋液。

12 最后在表面撒适量核桃碎装饰，放入烤箱，上火 200℃、下火 190℃，烘烤 28~30 分钟。烤至表面金黄即可出炉。

◎ 80% 重油红豆吐司

80% 重油红豆吐司

材料（可制作 8 个）

布里欧修面团（见 P22）2000 克

Echiré 恩喜村淡味片状黄油 500 克

蜜红豆粒 300 克

做法

1 取出隔夜松弛好的布里欧修面团，底部朝上，将 500 克片状黄油擀压成薄片，尺寸为面团尺寸的一半。然后把黄油放在面团中心位置，侧边要和面团大小要保持平整。

2 用牛角刀把黄油两侧面团切断，防止面团对折后边缘过厚。

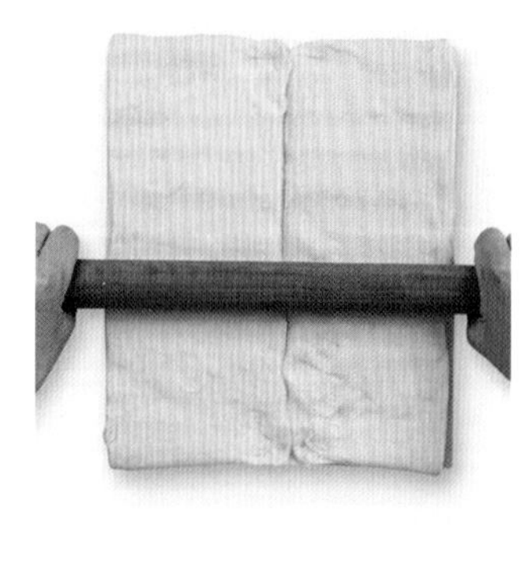

3 把两侧切断的面团从两边往中间对折，接口处捏合到一起，用擀面杖在表面轻轻按压，让面团和黄油黏合到一起。

4 用开酥机把面团顺着接口的方向，依次递进地压薄，最终压到5毫米厚，把面团两端切平整，平均分成4份，然后重叠成在一起，折一个4折。

5 再次用开酥机把面团接依次递进地压薄，最终压到5毫米厚，把面团两端切平整，平均分成3份。

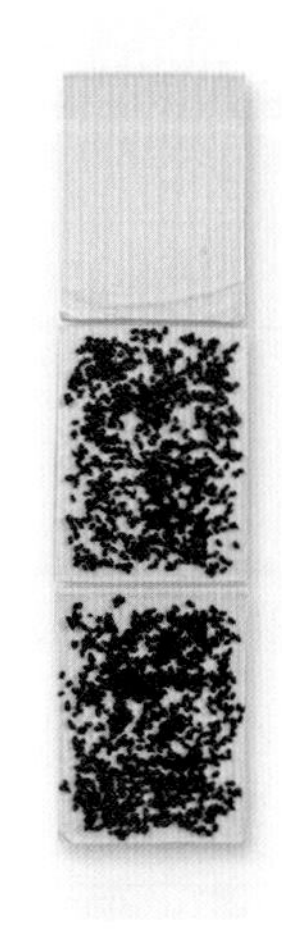

6 在其中两份面团表面分别均匀地撒上150克蜜红豆粒，共300克。

7 先把两块撒有蜜红豆粒的面团重叠，再把第三块面团盖在表面，用开酥机稍微压薄，然后把面团用保鲜膜密封包裹起来，放入冷藏冰箱里松弛90分钟。

8 面团松弛好后取出，用开酥机把面团的宽度压至34厘米，然后再换方向压长，最终厚度压到6毫米，放在木板上，将宽度两头去边裁切成长40厘米、宽32厘米，然后用分割器量好尺寸，进行裁切。

9 最终将面团裁切分割成长32厘米、宽5厘米，每块约280克。

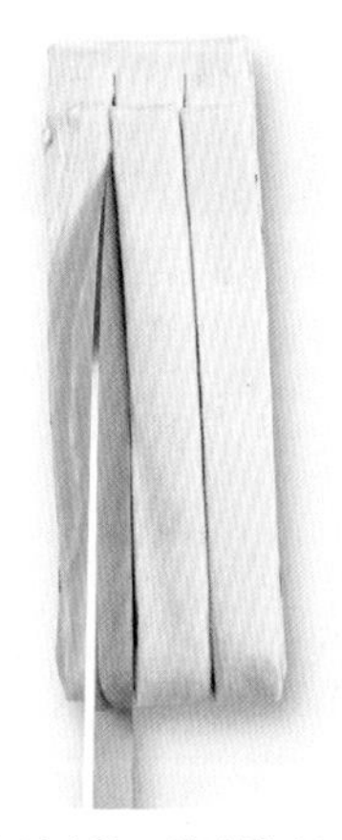

10 把切好的面团沿长边对折，用牛角刀均匀切成 3 条，注意留一端不要切断。

11 把面团切面朝上，编成三股辫。

12 把面团从下往上卷起，最终接口要压到底部中间。

13 整形完成后，放入 200 克的正方形吐司模具中，放入醒发箱（温度 28℃，湿度 75%）醒发 120 分钟。

14 醒发完成后约到模具八分满。

15 模具盖上盖子，然后放入烤箱，上火 190℃、下火 170 ℃，烘烤 28～30 分钟。烤至表面金黄即可出炉。

◎ 巧克力香蕉可颂

巧克力香蕉可颂

❀ **材料**（可制作 15 个）

卡仕达酱

蛋黄 65 克

细砂糖 65 克

王后精制低筋面粉 25 克

玉米淀粉 8 克

牛奶 280 克

Echiré 恩喜村淡味黄油 20 克

其他

可颂面团（见 P24）1000 克

香蕉 600 克

耐高温巧克力豆 150 克

蛋液适量

❀ **做法**

❀ **制作卡仕达酱**

1 把蛋黄加入细砂糖中，用蛋抽搅拌均匀。

2 加入低筋面粉和玉米淀粉。

3 用蛋抽完全搅拌均匀至顺滑。

4 牛奶倒入厚底锅中，在电磁炉上烧开。

5 把步骤 4 的牛奶缓慢地倒入步骤 3 搅拌好的蛋黄糊中，搅拌均匀。

6 搅拌好的液体再次倒入厚底锅中，用小火边加热边搅拌。

7 加热至浓稠冒泡，加入黄油。

8 搅拌均匀，用保鲜膜贴面包裹，冷藏备用。

整形与组装

9 取出开酥并松弛好的可颂面团，用开酥机把面团的宽度压至 34 厘米，然后再换方向压长，最终厚度压到 3 毫米。然后取出把面团切割成边长 11 厘米的正方形。

10 取一块正方形面团，沿对角线对折。

11 用美工刀从侧边切一刀，宽度约 1 厘米。

12 另一边同样也用美工刀切一刀，注意两条切口不要相交。

13 然后把面团展开。

14 把切开的面团，从上边折向下边。

15 再把下边的面团折向上边。

16 把面团均匀摆放在烤盘上，放入醒发箱（温度 30℃，湿度 75%）醒发 60 分钟。

17 醒发好后取出，在表面均匀刷一层蛋液。

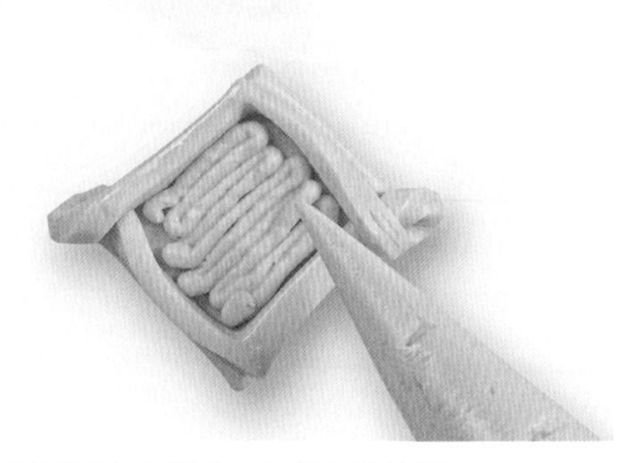

18 在面团中心挤上 30 克卡仕达酱。

19 均匀摆上香蕉片，每块放约 40 克。

20 在表面撒上 10 克耐高温巧克力豆，然后放入烤箱，上火 220℃、下火 160℃，烘烤 18~20 分钟。烤至表面金黄即可出炉。

甜点类开酥配方

正叠千层酥

◎ 传统弗朗挞

传统弗朗挞

❀ 材料（可制作 2 个）

卡仕达酱

牛奶 500 克
香草荚 2 克
细砂糖 90 克
全蛋 100 克
玉米淀粉 50 克
Echiré 恩喜村淡味黄油 100 克

正叠千层面团

配方见 P27

❀ 做法

制作卡仕达酱

1 把香草荚剖开，刮出香草籽。单柄锅中加入牛奶、香草籽，用电磁炉加热煮沸。

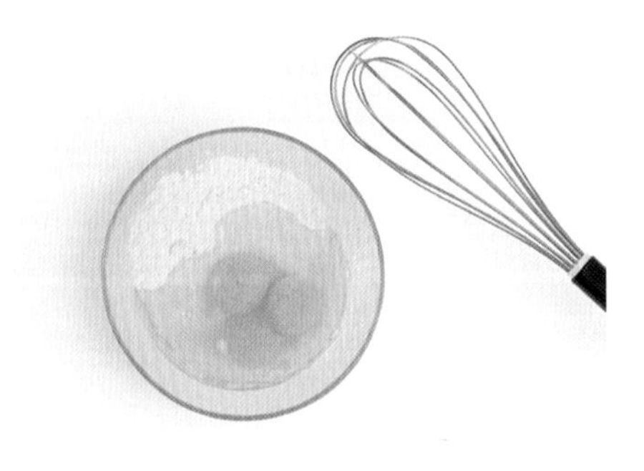

2 细砂糖与过筛的玉米淀粉混合，搅拌均匀；加入全蛋，搅拌均匀。

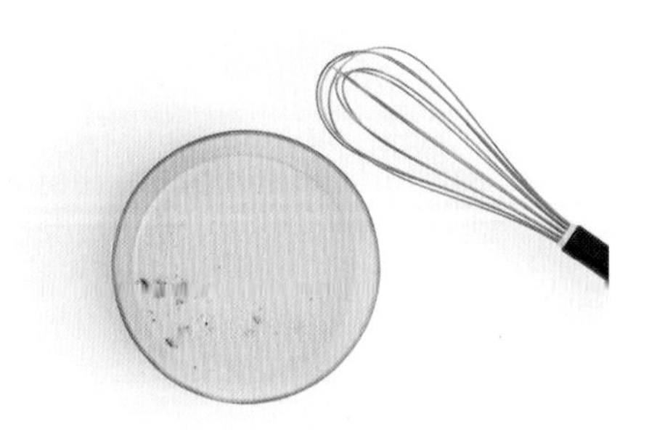

3 将步骤 1 的液体冲入步骤 2 的材料中，同时使用蛋抽搅拌。

4 倒回单柄锅中，加热搅拌至浓稠冒大泡。

5 离火，加入切成小块的黄油，搅拌均匀。

6 用保鲜膜贴面包裹，放入冰箱冷藏冷却。

组装

7 取已经折过一次3折和两次4折的正叠千层面团（做法见P27～29的步骤1～步骤9），将一部分面团压成长52厘米、宽4.5厘米、厚3毫米的长方形面皮。在直径16厘米的慕斯圈内壁贴紧带孔烤垫，将面皮放入。再在面皮内壁上贴烘焙油纸，填入烘焙重石。放入预热好的风炉，180℃烤约30分钟。

8 将另一部分面团压成长55厘米、宽35厘米、厚3毫米的面皮。放在酥皮穿孔模具上，放入风炉，170℃烤50分钟。

9 使用直径14厘米的刻模在步骤8烤好的千层酥上刻出形状，作为弗朗挞的底部。

10 将步骤7的烤盘取出，冷却后拿出烘焙重石和烘焙油纸，放入圆形千层酥，填入搅拌顺滑的卡仕达酱，放入预热好的风炉，190℃烤约25分钟即可。

◎ 水果奶油弗朗挞

水果奶油弗朗挞

材料（可制作 10 个）

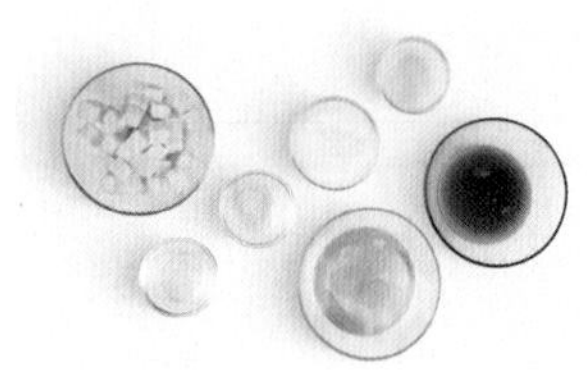

百香果奶油酱

全蛋 144 克

细砂糖 101 克

鲜榨黄柠檬汁 13 克

百香果果泥 103 克

吉利丁混合物 11.2 克

（或 1.6 克 200 凝结值吉利丁粉 + 9.6 克泡吉利丁粉的水）

Echiré 恩喜村淡味黄油 200 克

椰子打发甘纳许

椰奶 129 克

牛奶 103 克

吉利丁混合物 21 克

（或 3 克 200 凝结值吉利丁粉 + 18 克泡吉利丁粉的水）

西克莱特 35% 白巧克力 116 克

淡奶油 298 克

卡仕达酱

配方见 P121

树莓果酱

配方见 P133

装饰

蓝莓适量

树莓适量

黑莓适量

薄荷叶适量

做法

制作百香果奶油酱

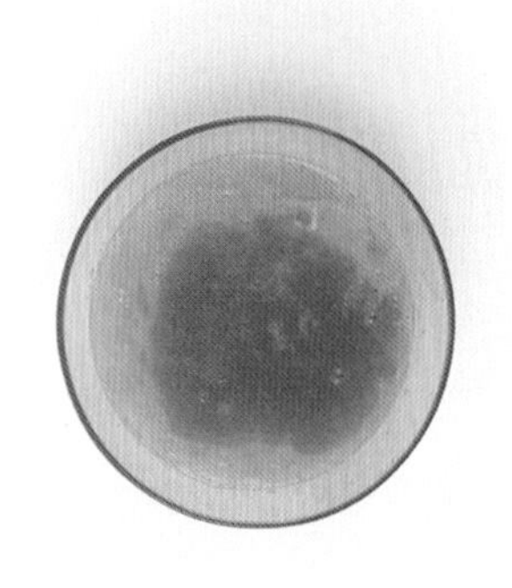

1 吉利丁粉倒入冷水中，使用蛋抽搅拌均匀，放入冰箱冷藏至少 10 分钟。全蛋与细砂糖混合，用蛋抽搅拌均匀。单柄锅中加入百香果果泥和柠檬汁，加热煮沸后冲入拌匀的蛋液中，用蛋抽搅拌，均匀受热。

2 倒回单柄锅中，加热至 82～85℃。离火，加入泡好水的吉利丁混合物，搅拌至化开。降温至 45℃左右，加入软化至膏状的黄油，用均质机均质。用保鲜膜贴面包裹，放入冰箱冷藏凝固。

制作椰子打发甘纳许

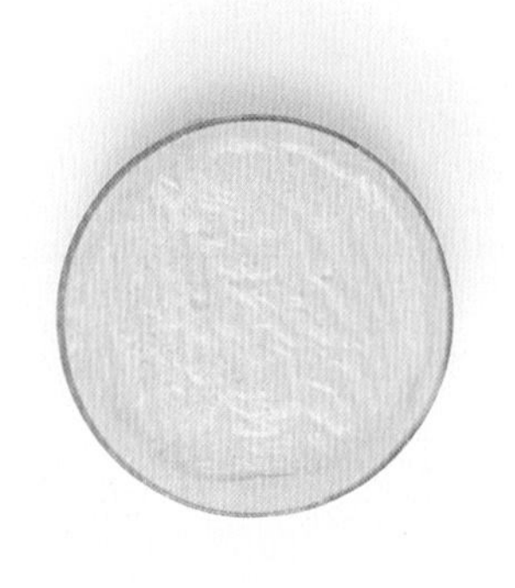

3 单柄锅中加入椰奶和牛奶，加热煮沸；离火，加入泡好水的吉利丁混合物，搅拌至化开；冲入白巧克力中，用均质机均质；加入淡奶油，用均质机均质。用保鲜膜贴面包裹，放入冰箱冷藏隔夜备用。

组装与装饰

4 取已经折过一次 3 折和两次 4 折的正叠千层面团（做法见 P27～29 的步骤 1~步骤 9），将一部分面团压成长 23 厘米、宽 3.5 厘米、厚 3 毫米的长方形面皮，放入直径 7 厘米的冲孔挞圈内壁。

5 在面皮内壁贴上烘焙油纸，填入烘焙重石。放入预热好的风炉，180℃烤约 25 分钟。

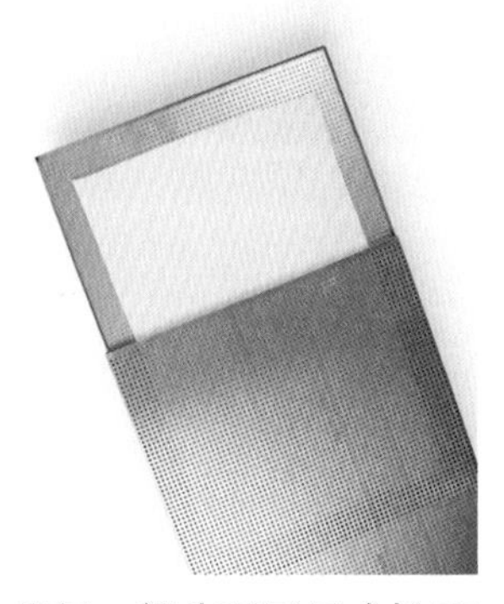

6 将另一部分面团压成长 55 厘米、宽 35 厘米、厚 3 毫米的面皮。放在酥皮穿孔模具上，放入风炉，170℃烤 50 分钟。

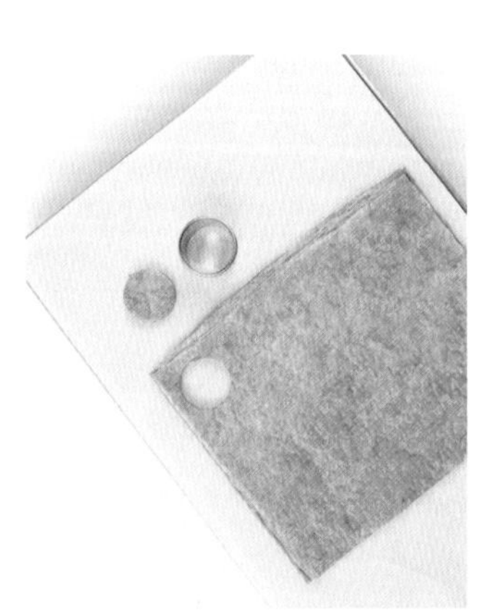

7 使用直径 5 厘米的刻模在步骤 6 烤好的千层酥上刻出形状，作为弗朗挞的底部。

8 将步骤 5 的烤盘取出，拿出烘焙重石和烘焙油纸，放入圆形千层酥，再填入卡仕达酱，放入预热好的风炉，190℃烤 15 分钟。

9 往带有卡仕达酱的挞壳内填入树莓果酱。

10 填入百香果奶油酱至九分满。椰子打发甘纳许打至八成发，放入装有直径 2 厘米圆形裱花嘴的裱花袋中，裱挤在百香果奶油酱上。最后装饰上树莓、蓝莓、黑莓和薄荷叶即可。

◎ 双色罗勒芝士酥条卷

双色罗勒芝士酥条卷

⊗ 材料（可制作 24 个）

正叠千层面团（见 P27）1000 克
油溶性红色色粉 6 克

装饰
百里香叶适量

罗勒糖浆
水 50 克
细砂糖 67.5 克
罗勒叶 10 克
柠檬皮屑半个量

⊗ 做法

制作罗勒糖浆

1 单柄锅中加入水、细砂糖、罗勒叶和柠檬皮屑，煮开。过滤备用。

整形

2 制作正叠千层面团时，取 10% 的水面团，加入油溶性红色色粉，用勾桨低速搅拌混合均匀，制成红色面团。用保鲜膜贴面包裹，放入冰箱冷藏（4℃）。

3 取已经折叠过两次 3 折和两次 4 折的正叠千层面团（见 P27～29），擀成 1 张边长 25 厘米的正方形面皮；将红色面团也擀压成 1 张边长 25 厘米的正方形面皮。

4 在正叠千层面团表面喷适量水，将红色面团贴上，使用擀面杖排出气泡。

5 使用开酥机将面团擀压至长 36 厘米、宽 30 厘米、厚 3 毫米，然后平均分成 2 张长 30 厘米、宽 18 厘米的面皮，再进一步切分成长 18 厘米、宽 2.5 厘米。

6 在每个长方形面团中间划开一个长的口子，两端各留 1.5 厘米。

7 从切口处翻卷三次。

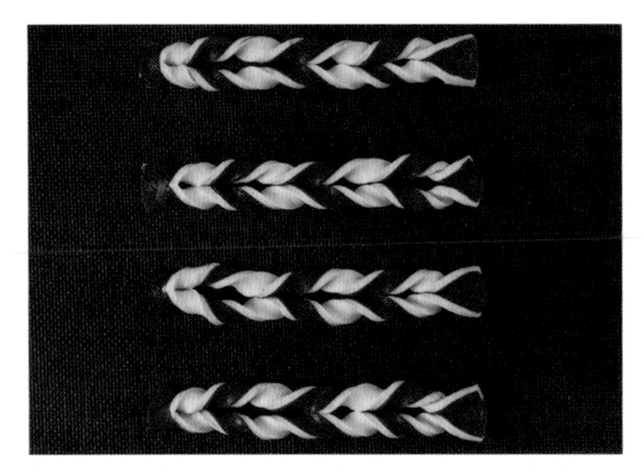

8 放入预热好的风炉烤箱，175℃烘烤约 30 分钟。

9 冷却后，在表面刷上罗勒糖浆，装饰上百里香叶即可。

◎ 蒜香香肠酥皮条

蒜香香肠酥皮条

材料（可制作 20 个）

正叠千层面团（见 P27）2000 克

蒜香奶油

Echiré 恩喜村淡味黄油 50 克
大蒜 30 克
欧芹叶 15 克
细盐 0.25 克
细砂糖 5 克

装饰

长 32 厘米的德式香肠 20 根
百里香叶适量

做法

制作蒜香奶油

1 大蒜切碎。

2 欧芹叶切碎。

3 将制作蒜香奶油的所有原材料放入打发缸中，用片桨低速搅拌均匀。放入盆中备用。

◈ 整形与组装

4 取出已经折叠过两次 3 折和一次 4 折的正叠千层面团（见 P27～29，省去步骤 9），厚度擀薄至 4 毫米，切割成长 34 厘米、宽 4 厘米。

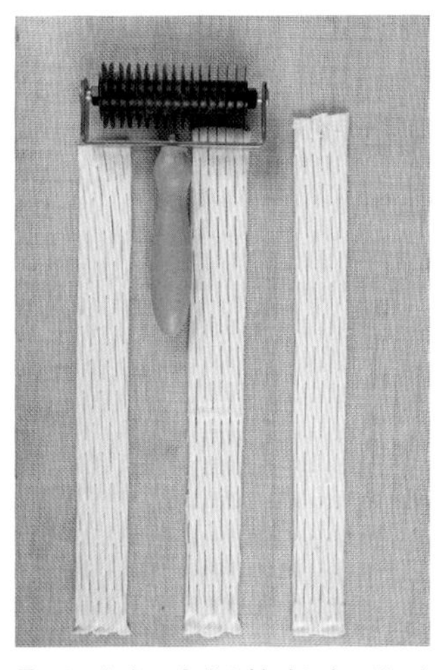

5 取出切分好的长方形面皮，按住面皮一端，用模具（SN4216）快速切割。

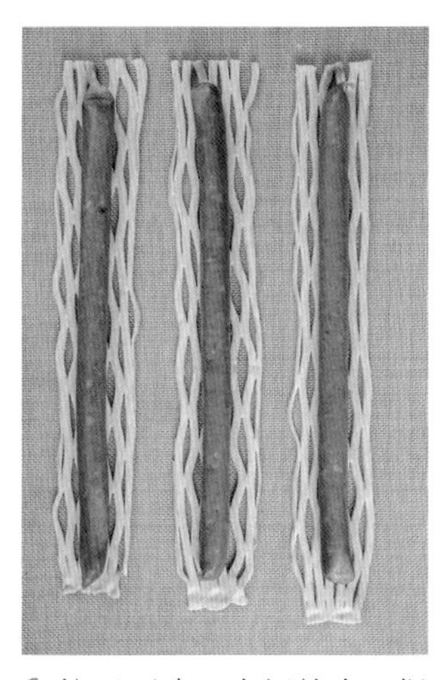

6 拉开面皮，中间放上 1 根德式香肠。

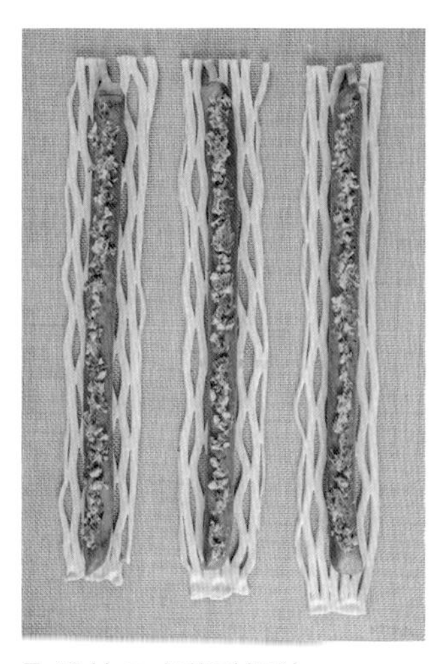

7 涂抹 5 克蒜香奶油。

8 将香肠包裹住，接口处捏紧，两边往里收，按紧。

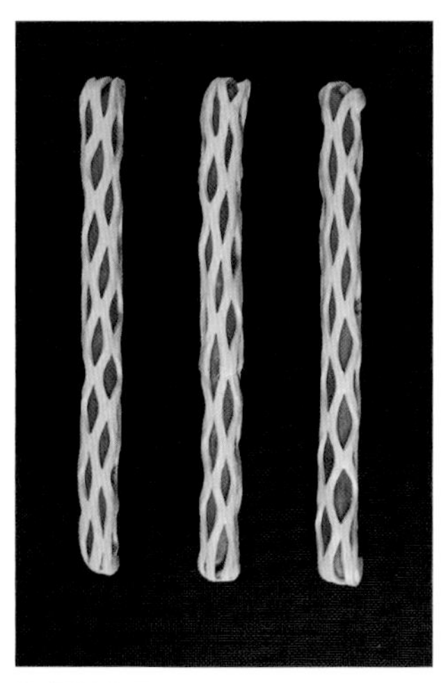

9 翻过来，放入预热好的风炉烤箱，180℃烘烤约 30 分钟，出炉后用百里香叶装饰即可。

◎ 浆果千层酥

浆果千层酥

⊗ 材料（可制作 6 个）

正叠千层面团（见 P27）2000 克

树莓果酱

冷冻树莓 72 克

树莓果泥 72 克

细砂糖 40 克

NH 果胶 2 克

鲜榨黄柠檬汁 7 克

黑樱桃酒 7 克

香草马斯卡彭奶油

淡奶油 300 克

细砂糖 30 克

香草荚 1 根

吉利丁混合物 17.5 克

（或 2.5 克 200 凝结值吉利丁粉 +15 克泡吉利丁粉的水）

马斯卡彭芝士 50 克

⊗ 做法

制作树莓果酱

1 盆中放入细砂糖、NH 果胶搅拌均匀。

2 单柄锅中放入冷冻树莓和树莓果泥，加热至 45℃左右。

3 缓慢倒入步骤 1 的混合物，使用蛋抽边搅拌边加入。

4 加热至沸腾后，离火，加入柠檬汁和黑樱桃酒，搅拌均匀。

5 倒入盆中，用保鲜膜贴面包裹，放入冰箱冷藏（4℃）。

⚙ 制作香草马斯卡彭奶油

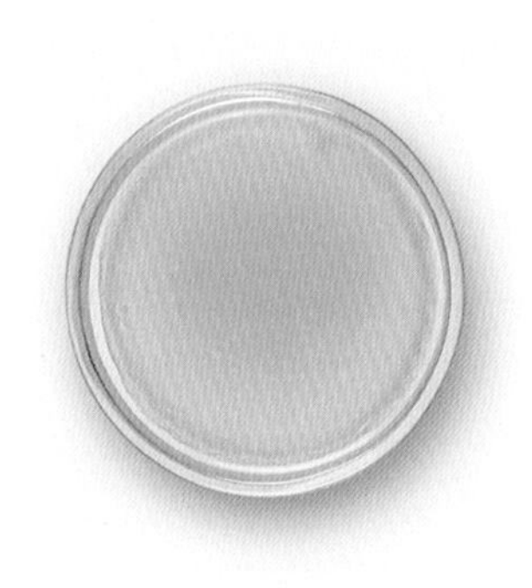

6 把吉利丁粉缓慢倒入水中，同时使用蛋抽搅拌混合均匀。

7 把香草荚剖开，取出香草籽。单柄锅中加入淡奶油、细砂糖和香草籽，加热至沸腾。离火，加入泡好水的吉利丁混合物，搅拌至化开。

8 冲入装有马斯卡彭芝士的盆中，用均质机均质均匀。用保鲜膜贴面包裹，放入冰箱冷藏（4℃）12 小时。

组装与装饰

9 把香草马斯卡彭奶油放入打发缸中打发至八成发，备用。

10 正叠千层面团擀至厚4毫米，放在长60厘米、宽40厘米的酥皮冲孔烤盘上，上下垫带孔耐高温硅胶烤垫。

11 放入预热好的风炉烤箱，180℃烘烤约50分钟。出炉后在室温下放置冷却。

12 将酥皮切割成长20厘米、宽5厘米；打发好的香草马斯卡彭奶油装入带有裱花嘴（型号：SN7066）的裱花袋中；树莓果酱搅拌顺滑，装入裱花袋中。

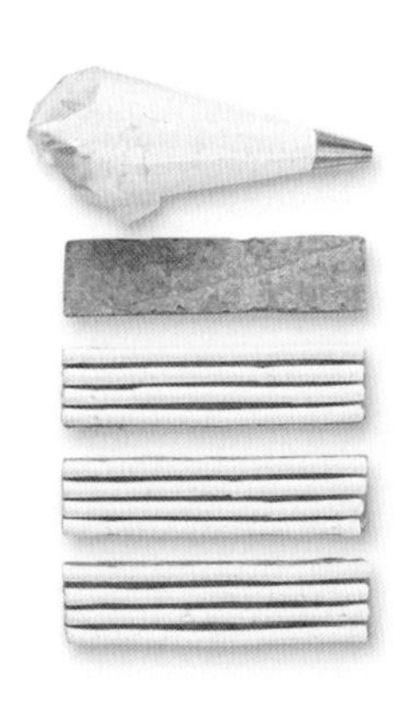

13 在三片酥皮上裱挤香草马斯卡彭奶油，每片酥皮裱挤四条奶油。

14 在奶油缝隙中，填入树莓果酱。

15 将酥皮重叠放置。

16 把酥皮竖起来，挤上树莓果酱即可。

◎ 火腿沙拉酥皮卷

火腿沙拉酥皮卷

⊗ 材料（可制作 18 个）

正叠千层面团（见 P27）800 克

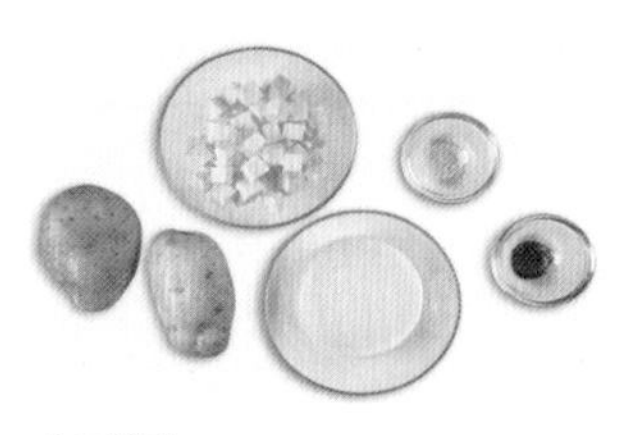

土豆泥

土豆 240 克
淡奶油 48 克
Echiré 恩喜村淡味黄油 72 克
海盐适量
黑胡椒粒适量

油醋汁蔬菜沙拉

绿豌豆 75 克
圣女果 75 克
苦苣 150 克
柠檬汁适量
黑胡椒粒适量
海盐适量
橄榄油适量
油醋汁适量

香草橄榄油

初榨橄榄油 100 克
香草荚 1 根

装饰

意式火腿片适量

⊗ 做法

制作土豆泥

1 土豆削皮切成块。单柄锅中加水，放入土豆块煮熟（竹扦能轻松扎透即可）。

2 料理机中加入煮熟的土豆块、黄油、淡奶油、海盐和黑胡椒粒，搅打均匀。

3 倒入盆中，用保鲜膜贴面包裹，放入冰箱冷藏（4℃）。

◈ 制作油醋汁蔬菜沙拉

4 单柄锅中加水、适量的海盐和少量的橄榄油，煮沸后加入绿豌豆，烫熟后过滤备用。

5 盆中放入绿豌豆、圣女果（提前一分为四）、苦苣、柠檬汁、黑胡椒粒、海盐、橄榄油和油醋汁，搅拌均匀。

◈ 制作香草橄榄油

6 把香草荚剖开，取出香草籽，与橄榄油混匀，过筛，装入裱花袋备用。

◈ 整形与组装

7 取出已经折叠过两次3折和一次4折的正叠千层面团（见P27~29，省去步骤9），擀至3毫米厚。

8 切割成长15厘米、宽6厘米的面皮。放入五槽法棍烤盘中。

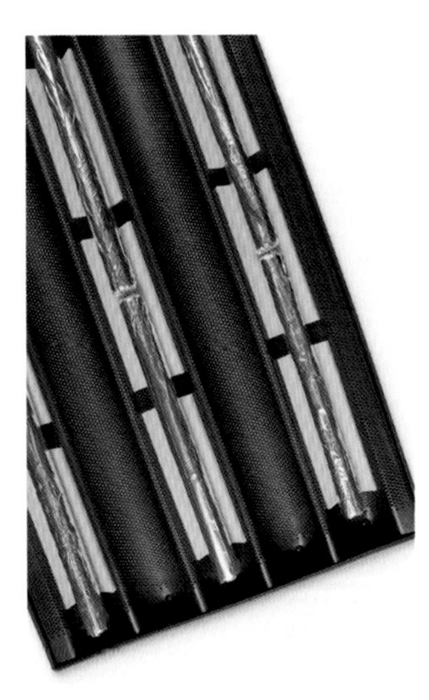

9 中间放上包有锡纸的擀面杖。放入预热好的风炉烤箱，180℃烘烤约30分钟。

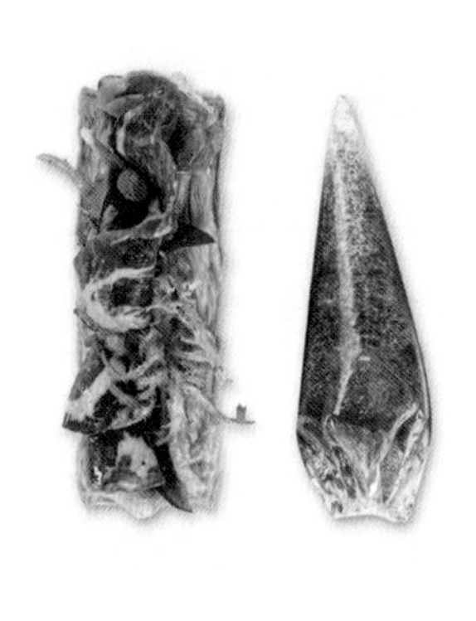

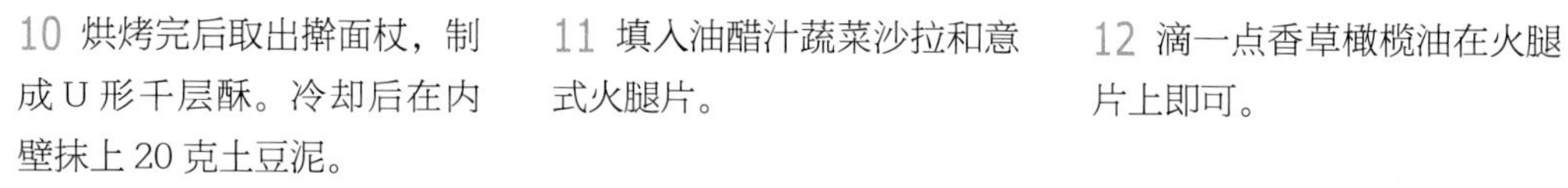

10 烘烤完后取出擀面杖，制成 U 形千层酥。冷却后在内壁抹上 20 克土豆泥。

11 填入油醋汁蔬菜沙拉和意式火腿片。

12 滴一点香草橄榄油在火腿片上即可。

© 甜杏花语酥皮卷

甜杏花语酥皮卷

⊗ 材料（可制作 18 个）

正叠千层面团（见 P27）800 克

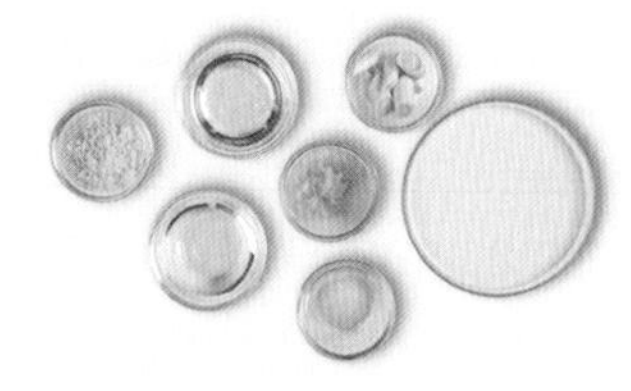

甜杏啫喱

新鲜甜杏 243 克

鲜榨黄柠檬汁 24 克

细砂糖 27 克

325NH95 果胶 2.4 克

琼脂 3 克

百里香叶适量

香茅草打发甘纳许

淡奶油 331.5 克

香茅草 1.5 根

黄柠檬皮屑 1.5 个量

葡萄糖浆 64.5 克

吉利丁混合物 37.8 克

（或 5.4 克 200 凝结值吉利丁粉 + 32.4 克泡吉利丁粉的水）

西克莱特 35% 白巧克力 18 克

装饰

甜杏适量

芝麻苗适量

矢车菊适量

镜面果胶适量

⊗ 做法

制作甜杏啫喱

1 新鲜甜杏切半去核，再切成块，放入单柄锅中，加入百里香叶和柠檬汁，加热至约 45℃；缓慢倒入混匀的细砂糖、果胶和琼脂，同时使用蛋抽搅拌混合均匀。

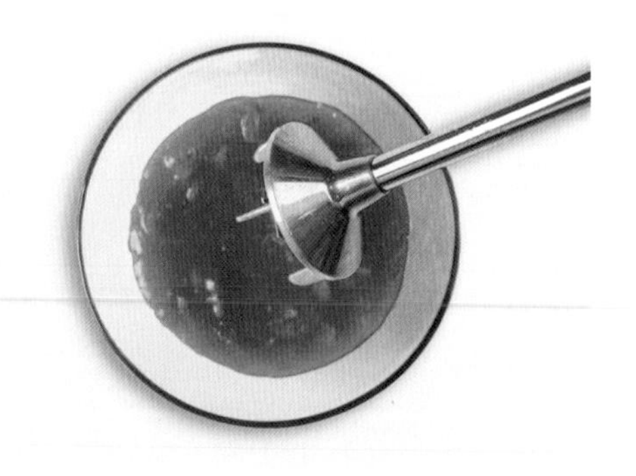

2 加热至沸腾，倒入盆中，使用均质机搅打成泥状。用保鲜膜贴面包裹，放入冷藏冰箱（4℃）冷却凝固。

制作香茅草打发甘纳许

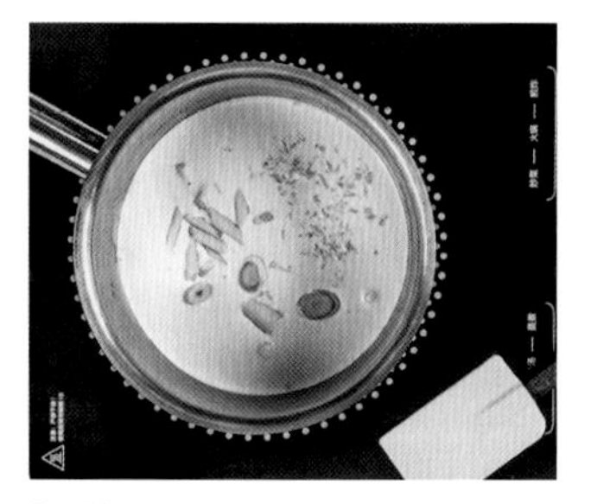

3 单柄锅中倒入淡奶油，加热至沸腾。加入香茅草和黄柠檬皮屑，焖 10 分钟。

4 过滤出香茅草和柠檬皮屑，加入葡萄糖浆，加热至 80℃后离火，加入泡好水的吉利丁混合物，搅拌至化开。

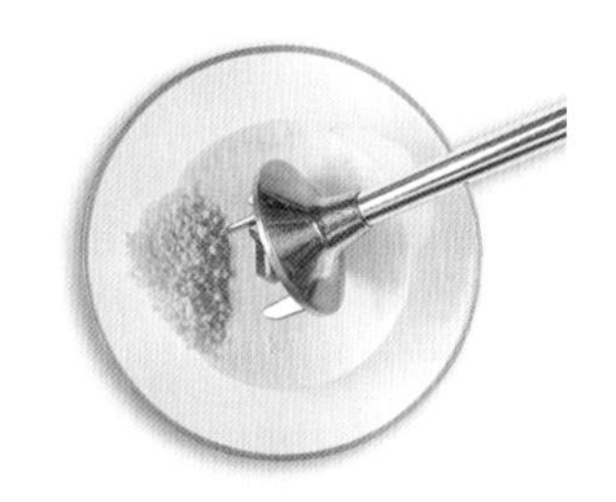

5 冲入装有白巧克力的盆中，用均质机均质均匀。用保鲜膜贴面包裹，放入冰箱冷藏（4℃）12 小时。

组装与装饰

6 甜杏啫喱用均质机均质均匀，装入带有裱花嘴（型号：SN7066）的裱花袋中；香茅草打发甘纳许打发至八分发，装入带有裱花嘴（直径 18 毫米）的裱花袋中；准备好 U 形千层酥（做法见 P139 的步骤 7～步骤 9）和装饰材料。

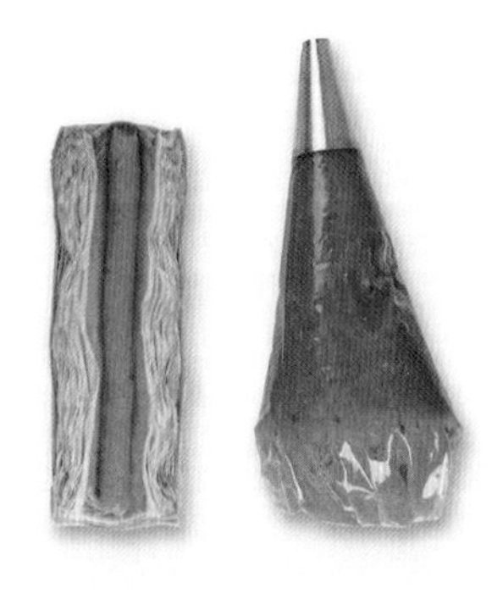

7 在 U 型千层酥中填入 15 克甜杏啫喱。

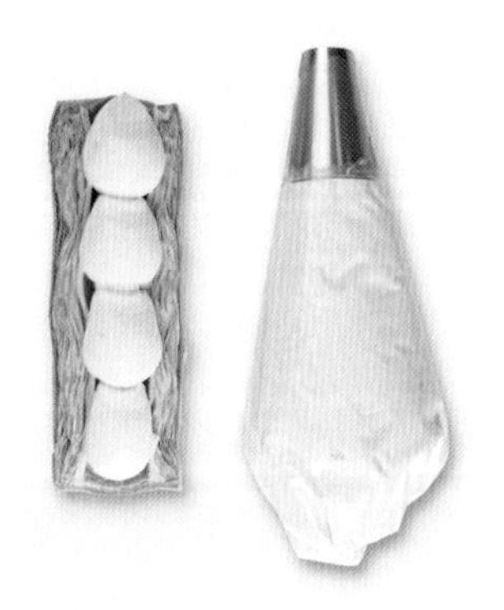

8 裱挤香茅草打发甘纳许。

9 甜杏去核，一分为六，使用喷火枪焦化表面，再刷上镜面果胶。在香茅草打发甘纳许上放甜杏、芝麻苗和矢车菊装饰即可。

反转千层酥

◎ 原味蝴蝶酥

原味蝴蝶酥

材料（可制作 16 个）

反转千层面团

配方见 P30，另加适量细砂糖

咸焦糖粉

细砂糖 286 克

水 114 克

葡萄糖浆 84 克

Echiré 恩喜村淡味黄油 14 克

盐之花 1 克

做法

开酥

1 参照 P30 ~ 31 的步骤 1 ~ 步骤 7，将反转千层面团折两个 4 折，然后擀压成 5 毫米厚。

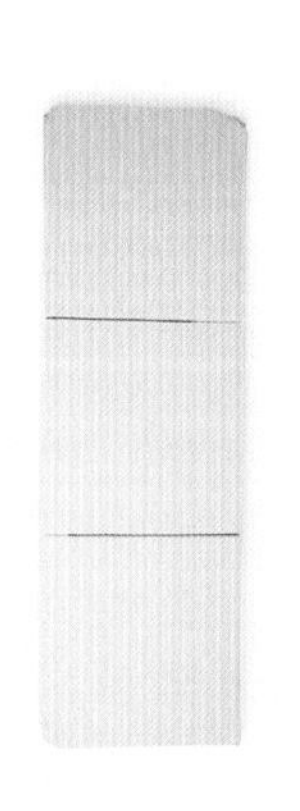

2 在表面撒一层细砂糖，用擀面杖轻轻碾压，使糖嵌入面皮中，折一个 3 折。用保鲜膜贴面包裹，放入冰箱冷藏（4℃）至少 2 小时。面团取出后压成 5 毫米厚，再次在表面撒一层细砂糖，用擀面杖轻轻碾压，使糖嵌入面皮中。再折一个 3 折。用保鲜膜包裹，放入冰箱冷藏（4℃）至少 2 小时。

3 取出压成长 100 厘米、宽 30 厘米、厚 4 毫米的面片，面片对折后打开，两边各折一个 3 折后对折，用水黏合。

4 用保鲜膜包裹，放入冰箱冷藏（4℃）至少 12 小时。

5 取出后切割成厚 1.5 厘米的片。

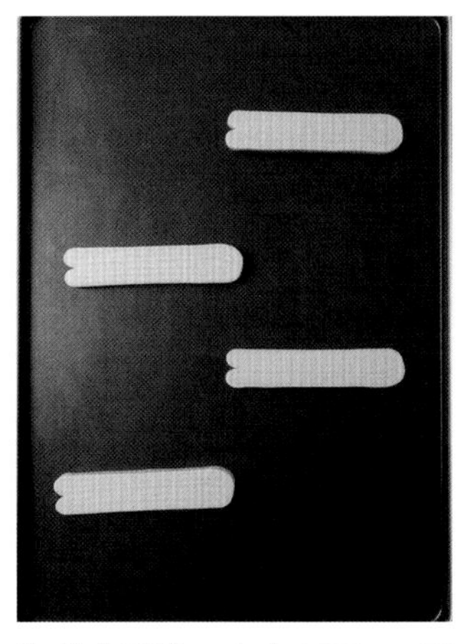

6 放入平炉，上火 165℃、下火 165℃，烤 35 ~ 40 分钟。

制作咸焦糖粉

7 在单柄锅中放入水、细砂糖和葡萄糖浆，加热至颜色变为金黄的焦糖色。放入黄油和盐之花，搅拌至化开。

8 将做好的焦糖倒在硅胶垫上，放凉后倒入破壁机中搅打成粉。

装饰

9 将咸焦糖粉借助粉筛撒在烤好的蝴蝶酥表面。

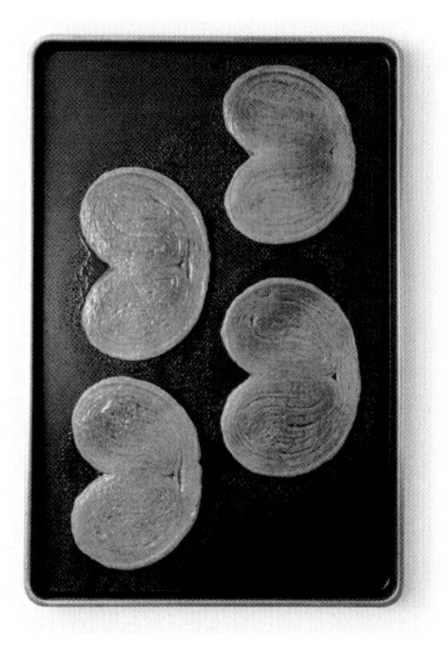

10 再次放回烤箱，加热至咸焦糖粉化开，降温后放入避潮的盒子中保存即可。

小贴士

咸焦糖粉可以提前准备好，将其放入塑料袋内密封保存即可。

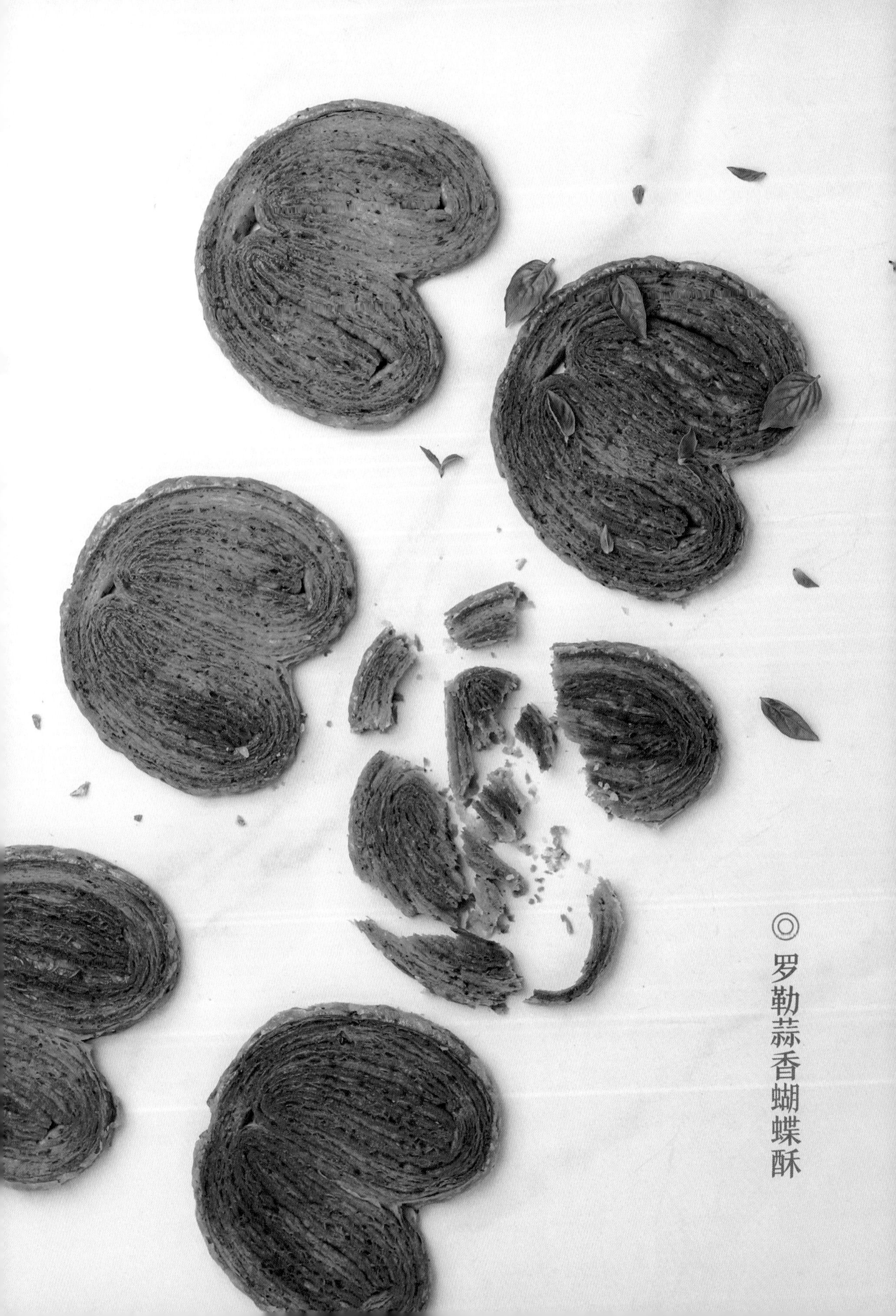

◎罗勒蒜香蝴蝶酥

罗勒蒜香蝴蝶酥

材料（可制作 15 个）

反转油面团
伯爵 T45 中筋面粉 240 克
Echiré 恩喜村淡味片状黄油 640 克

大蒜罗勒反转水面团
伯爵传统 T55 面粉 560 克
细盐 20 克
水 280 克
白醋 14 克
Echiré 恩喜村淡味黄油 160 克
大蒜 17 克
罗勒叶 17 克

花椒糖
花椒 6 克
细砂糖 100 克

装饰
罗勒叶适量

做法

制作反转油面团

1 打发缸中放入切成小块的片状黄油和面粉，用勾桨搅拌均匀。

2 将面团放在两张油纸中间，用开酥机擀薄至长 50 厘米、宽 25 厘米。放入冰箱冷藏（4℃）12 小时。

大蒜罗勒反转水面团

3 将制作大蒜罗勒反转水面团的所有原材料放入冰箱冷藏（4℃）3 小时。在料理机中放入大蒜和罗勒叶打碎，倒入盆中，备用。

4 料理机中放入面粉、盐、切成小块的黄油，低速搅打均匀。

5 将步骤 4 的材料倒入打发缸中，加入打碎的大蒜和罗勒；使用勾桨低速搅打的同时，缓慢倒入水和白醋，搅打直至出现面团。

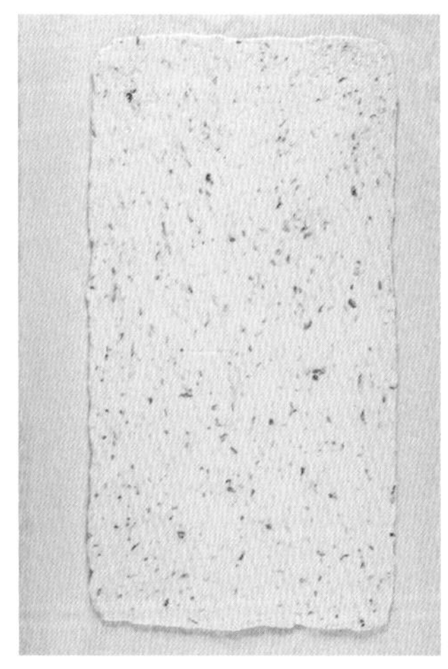

6 将面团使用开酥机擀压至长 50 厘米、宽 25 厘米。放入冰箱冷藏（4℃）12 小时。

制作花椒糖

7 料理机中放入花椒和细砂糖，打碎后倒入盆中备用。

包油开酥

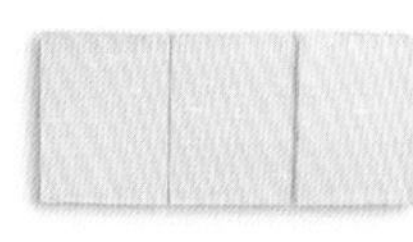

8 重叠油面团和水面团，油面团朝上。开始第一次折叠，使用开酥机依次递进地压薄，最终压到 5 毫米厚，把面团两端切平整后，平均分成 4 份，将其中一块面皮翻过来，再将剩余三块面皮依次重叠放上去，完成一个 4 折。用保鲜膜贴面包裹，放入冰箱冷藏（4℃）2 小时。

9 开始第二次折叠，使用开酥机依次递进地压薄，最终压到5毫米厚，把面团两端切平整后，平均分成3份，折一个3折。用保鲜膜贴面包裹，放入冰箱冷藏（4℃）2小时。

10 开始第三次折叠，使用开酥机依次递进地压薄，最终压到5毫米厚，把面团两端切平整后，筛上花椒糖，用擀面杖轻轻压紧，使糖嵌入面皮中，折一个4折。用保鲜膜贴面包裹，放入冰箱冷藏（4℃）2小时。

11 开始第四次折叠，使用开酥机依次递进地压薄，最终压到5毫米厚，把面团两端切平整后，筛上花椒糖，用擀面杖轻轻压紧，折一个3折。用保鲜膜贴面包裹，放入冰箱冷藏（4℃）12小时。

12 取出擀薄至4.5毫米厚，把面团两端切平整后的长度为90厘米，平均分成6份，两边各折一个3折后对折，用水黏合。用保鲜膜贴面包裹，放入冰箱冷冻（-24℃）20分钟。

13 冻好后从冰箱取出，先将一侧切割平整，然后切成宽 1.5 厘米的蝴蝶酥面团。

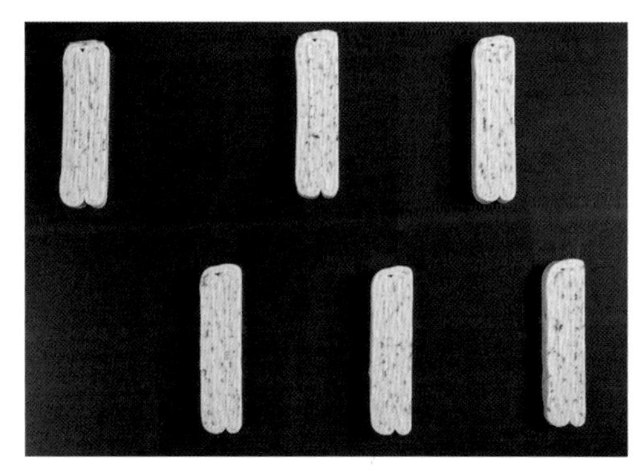

14 放置在烤盘上，放入预热好的平炉烤箱，上火 165℃、下火 165℃，烘烤 35~40 分钟，出炉后用罗勒叶装饰即可。

◎ 苹果修颂

苹果修颂

⊗ 材料（可制作 14 个）

反转千层面团见（P30）1120 克

肉桂苹果馅

细砂糖 100 克

Echiré 恩喜村淡味黄油 70 克

苹果 500 克

肉桂粉 1 克

香草荚 1 根

蛋液

淡奶油 10 克

蛋黄 40 克

转化糖浆 3 克

⊗ 做法

制作肉桂苹果馅

1 苹果削皮切成大小均匀的小块，用盐水浸泡，备用。把香草荚剖开，刮出香草籽。单柄锅中加入细砂糖、香草籽和去籽后的香草荚。

2 小火熬成干焦糖。

3 分次加入黄油（室温），搅拌均匀。

4 苹果过滤出盐水，分次加入步骤 3 的单柄锅中，搅拌均匀。

5 大火煮开，转小火熬煮。

6 将苹果煮透，收干水分。

7 加入肉桂粉，搅拌均匀。倒入盆中，用保鲜膜贴面包裹，放入冰箱冷藏（4℃）冷却。

◈ 制作蛋液

8 盆中加入淡奶油、蛋黄和转化糖浆，搅拌均匀。

◈ 组装与装饰

9 取出已经折叠过两次 3 折和两次 4 折的反转千层面团（见 P30 ~ 32），擀至 3 毫米厚。使用 MF 波浪带齿椭圆形切模刻出形状。

10 把擀面杖放在面皮中间，轻轻擀薄。

11 面皮表面使用毛刷均匀刷上适量水。

12 填入 45 克肉桂苹果馅。

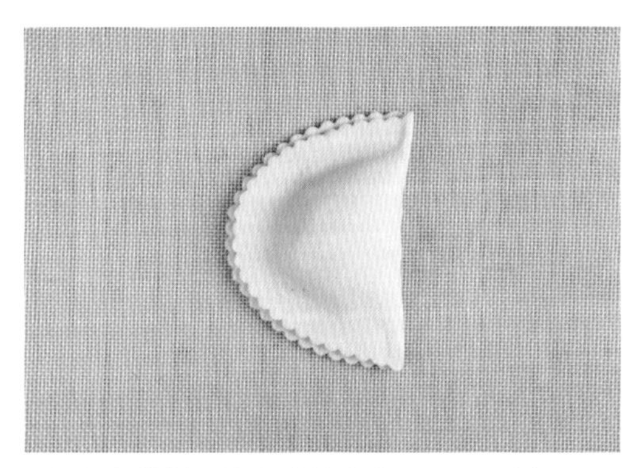

13 包紧馅料。放入冰箱冷藏（4℃）冷却。

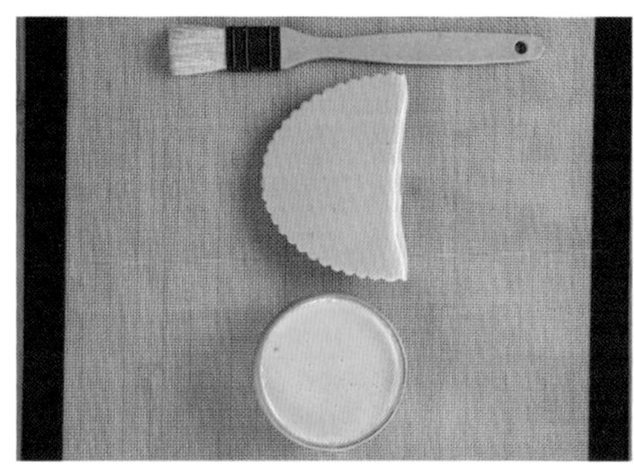

14 翻转修颂，表面均匀刷上蛋液，放入冷藏冰箱 15 分钟左右，至蛋液结皮。

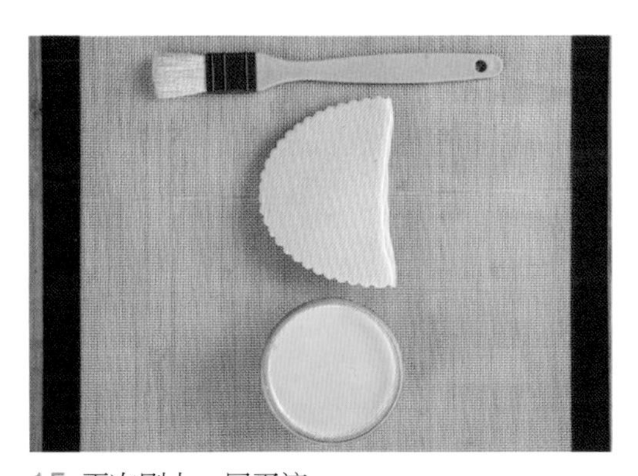

15 再次刷上一层蛋液。

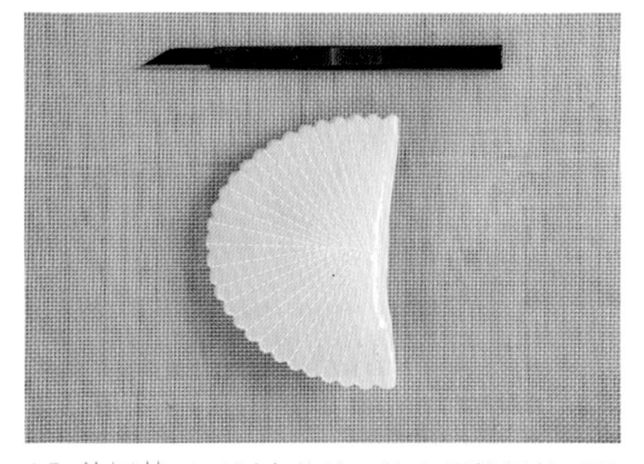

16 使用美工刀划出花纹。放入预热好的平炉烤箱，上火 160℃、下火 160℃，烘烤约 60 分钟即可。

◎ 焦糖米布丁修颂

焦糖米布丁修颂

材料（可制作 20 个）

反转千层面团（见 P30）1500 克

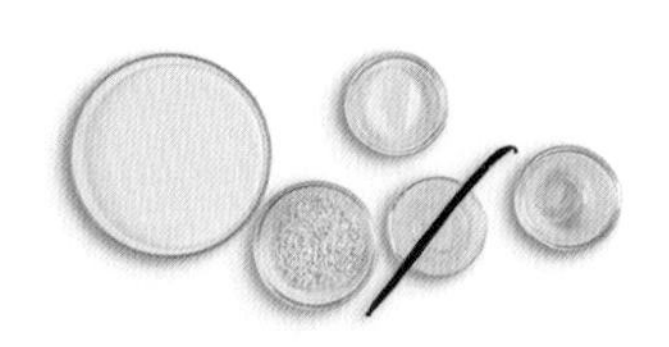

牛奶米布丁

牛奶 492.5 克

细砂糖 43 克

卡纳罗利大米 61.5 克

香草荚 1 根

三仙胶 2.5 克

香草打发甘纳许

淡奶油 183.5 克

香草荚 1 根

吉利丁混合物 8.4 克

（或 1.2 克 200 凝结值吉利丁粉 + 7.2 克泡吉利丁粉的水）

西克莱特 35% 白巧克力 33.5 克

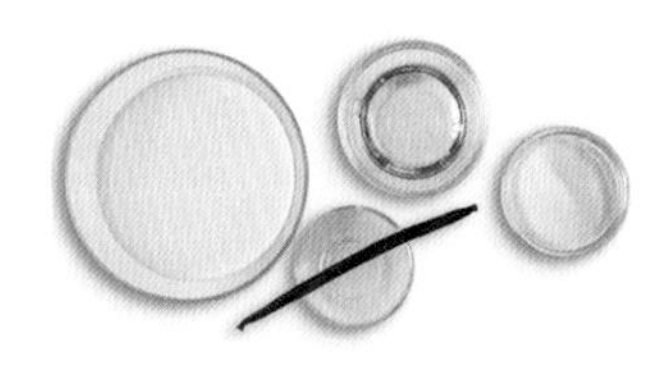

浓缩牛奶

海藻糖 28.5 克

葡萄糖浆 48 克

淡奶油 173 克

香草荚 1 根

马斯卡彭卡仕达酱

牛奶 151 克

淡奶油 16.5 克

香草荚 1 根

细砂糖 30 克

玉米淀粉 8 克

伯爵 T45 中筋面粉 8 克

蛋黄 30 克

可可脂 10 克

吉利丁混合物 18.2 克

（或 2.6 克 200 凝结值吉利丁粉 + 15.6 克泡吉利丁粉的水）

Echiré 恩喜村淡味黄油 16.5 克

马斯卡彭芝士 10 克

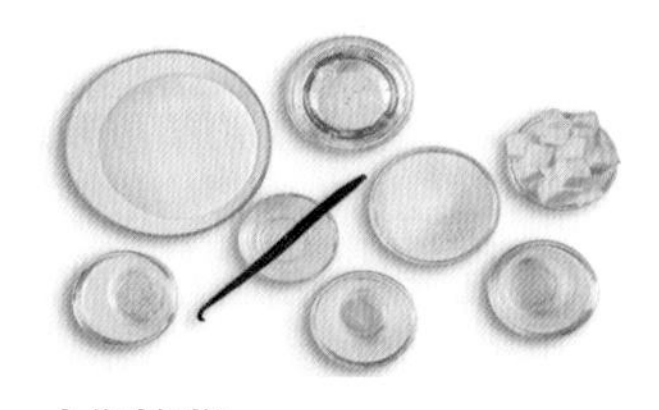

咸焦糖酱

细砂糖 53.5 克

Echiré 恩喜村淡味黄油 26.5 克

葡萄糖浆 53.5 克

盐之花 0.8 克

淡奶油 82.5 克

香草荚 1 根

吉利丁混合物 3.5 克

（或 0.5 克 200 凝结值吉利丁粉 + 3 克泡吉利丁粉的水）

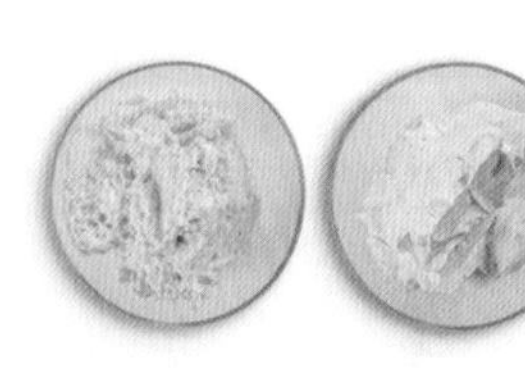

香草轻奶油

香草打发甘纳许 202 克

马斯卡彭卡仕达酱 270 克

蛋液

配方见 P153

⊛ 做法

◈ 制作牛奶米布丁

1 把香草荚剖开，刮出香草籽。料理机中加入牛奶、细砂糖、大米和香草籽，设置成搅拌挡位，温度90℃，时间60分钟左右。

2 倒入盆中，加入三仙胶，用蛋抽搅拌均匀。用保鲜膜贴面包裹，放入冰箱冷藏（4℃）冷却。

◈ 制作香草打发甘纳许

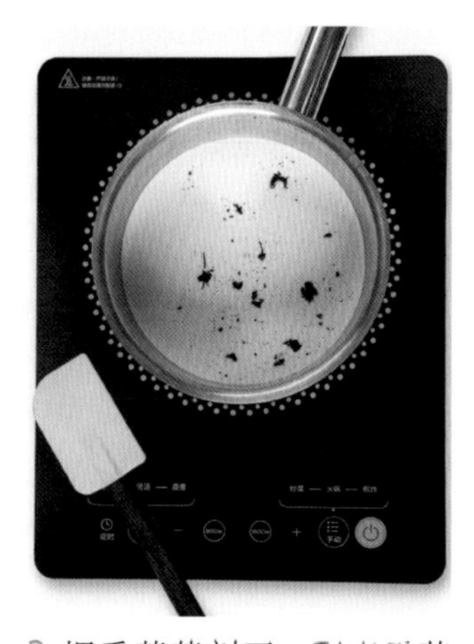

3 把香草荚剖开，刮出香草籽。单柄锅中加入淡奶油和香草籽，加热至80℃。

4 加入泡好水的吉利丁混合物，搅拌至化开。

5 冲入装有白巧克力的盆中，用均质机均质均匀。用保鲜膜贴面包裹，放入冰箱冷藏（4℃）12小时。

◈ 制作马斯卡彭卡仕达酱

6 盆中加入细砂糖和过筛后的淀粉、面粉，用蛋抽搅拌均匀后，再加入蛋黄，用蛋抽搅拌至大致均匀。

7 加入淡奶油，用蛋抽搅拌均匀，备用。

8 把香草荚剖开，刮出香草籽。单柄锅中加入牛奶和香草籽，加热至沸腾。将一半冲入步骤7的混合物中，搅拌均匀。

9 倒回至单柄锅中，慢慢加热至冒大泡、状态变浓稠，离火，加入泡好水的吉利丁混合物，搅拌至化开。

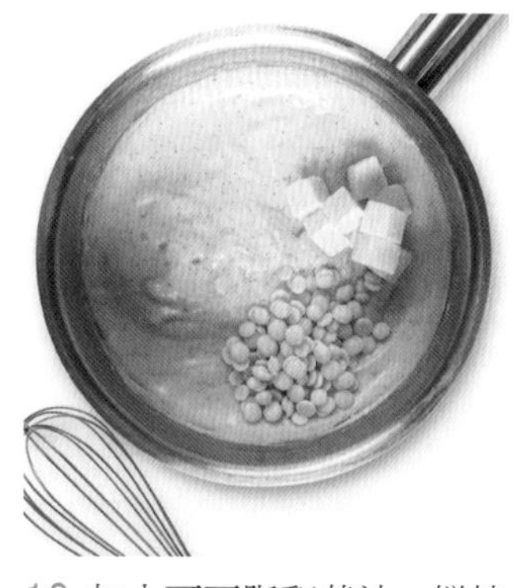

10 加入可可脂和黄油，搅拌至化开。

11 加入马斯卡彭芝士，搅拌均匀。倒入盆中，用保鲜膜贴面包裹，放入冰箱冷藏（4℃）冷却。

制作浓缩牛奶

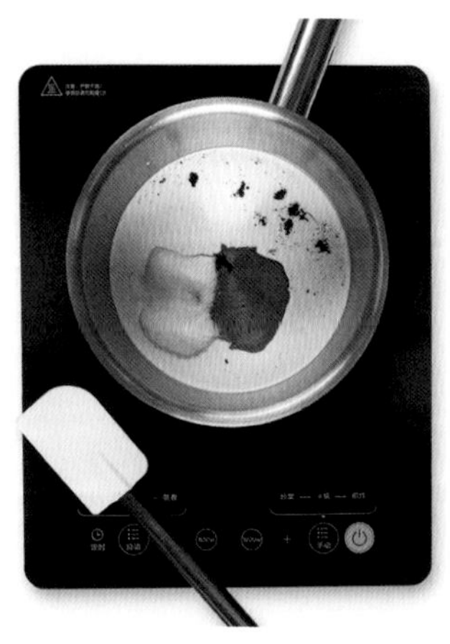

12 把香草荚剖开，刮出香草籽。单柄锅中倒入淡奶油、海藻糖、葡萄糖浆和香草籽。

13 小火煮至103℃。

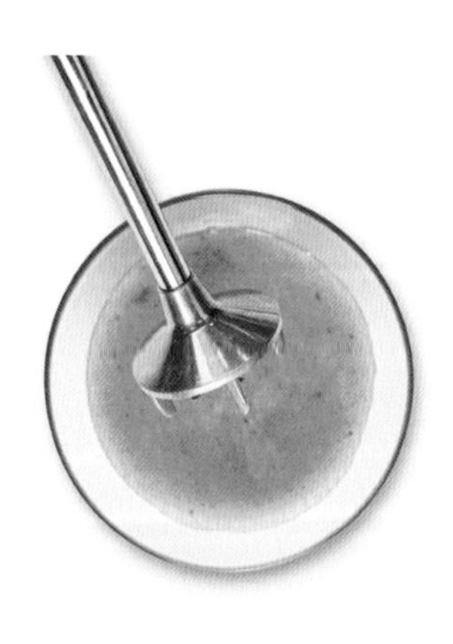

14 用均质机乳化均匀。用保鲜膜贴面包裹，放入冰箱冷藏（4℃）冷却。

◈ 制作咸焦糖酱

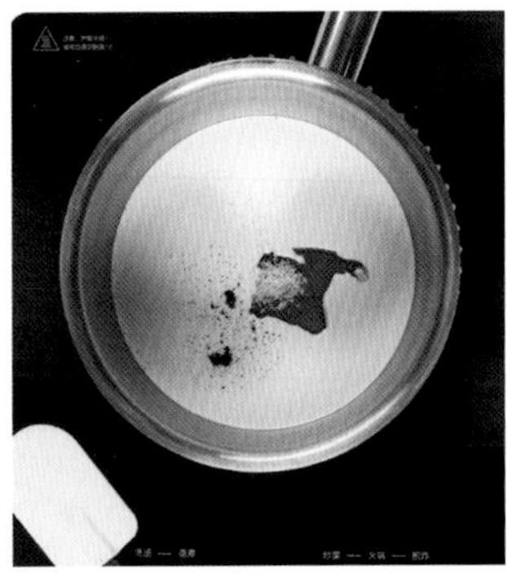

15 单柄锅中加入淡奶油、盐之花、葡萄糖浆和香草籽（提前取出），加热至沸腾，备用。

16 另取一个单柄锅，倒入细砂糖，小火熬成干焦糖。

17 分次加入室温状态的黄油，搅拌均匀。

18 将步骤 15 的材料分次倒入，用刮刀搅拌均匀。

19 再次煮沸。加入泡好水的吉利丁混合物，搅拌至化开。

20 搅拌均匀，用保鲜膜贴面包裹，放入冰箱冷藏（4℃）。

◈ 制作香草轻奶油

21 香草打发甘纳许打发至八成发。

22 马斯卡彭卡仕达酱过筛后用蛋抽搅拌顺滑，与步骤 21 的材料混合，搅拌均匀。

◈ 整形

23 参照 P154 ~ 155 的步骤 9~ 步骤 11 制作面皮。将牛奶米布丁装入裱花袋中，在面皮上挤入 15 克。参照 P155 的步骤 13~步骤 15 包好馅料并刷上蛋液。

24 使用美工刀划出花纹。放入预热好的平炉烤箱，上火160℃、下火160℃，烘烤60分钟左右。

组装与装饰

25 将香草轻奶油装入带有裱花嘴（型号：SN7068）的裱花袋中；准备好牛奶米布丁、浓缩牛奶、咸焦糖酱和烤好的修颂。

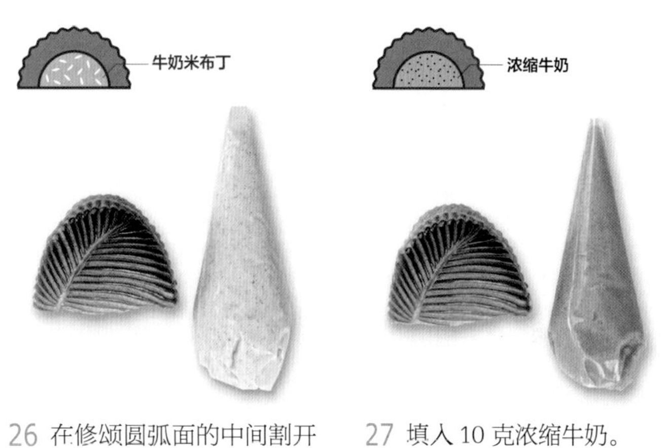

26 在修颂圆弧面的中间割开一个口子，填入约15克牛奶米布丁。

27 填入10克浓缩牛奶。

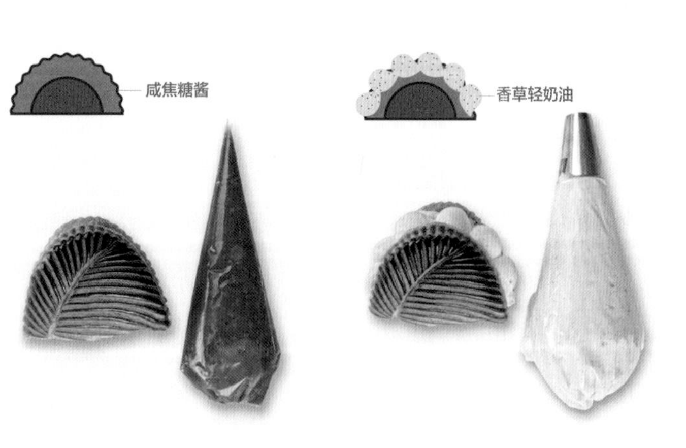

28 填入10克咸焦糖酱。

29 裱挤香草轻奶油即可。

◎国王饼

国王饼

⊗ 材料（可制作 3 个）

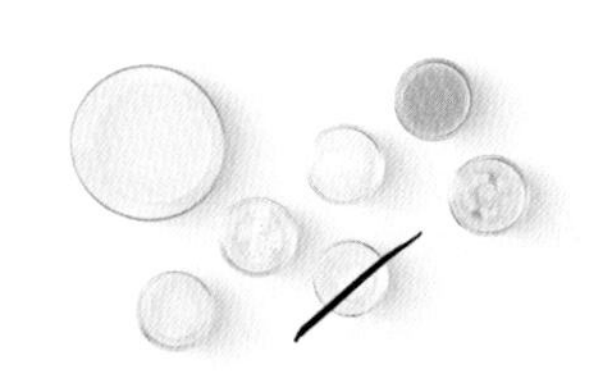

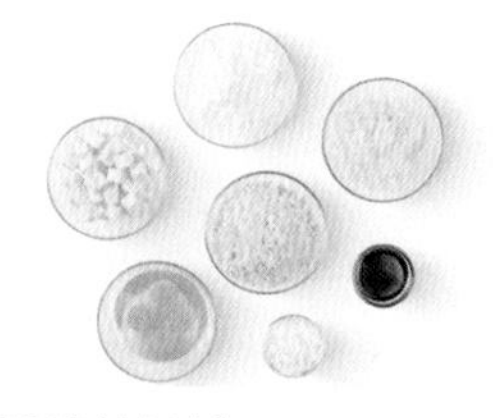

基础卡仕达酱

牛奶 180 克
淡奶油 20 克
香草荚 1 根
蛋黄 40 克
细砂糖 30 克
玉米淀粉 16 克
Echiré 恩喜村淡味黄油 20 克

弗朗瑞帕奶油

Echiré 恩喜村淡味黄油 50 克
杏仁粉 50 克
糖粉 50 克
全蛋 50 克
黑朗姆酒 10 克
基础卡仕达酱 50 克
玉米淀粉 8 克

蛋液

配方见 P153

反转千层面团

配方见 P30

⊗ 做法

制作基础卡仕达酱

1 把香草荚剖开，刮出香草籽。单柄锅中加入牛奶、淡奶油和香草籽，用电磁炉加热煮沸。

2 细砂糖加入过筛的玉米淀粉中，搅拌均匀；加入蛋黄，搅拌均匀；将步骤 1 的液体冲入，同时使用蛋抽搅拌。

3 将步骤 2 的混合物倒回单柄锅中，加热搅拌至浓稠冒大泡。离火，加入切成小块的黄油，搅拌均匀。用保鲜膜贴面包裹，在室温下放置备用。

◈ 制作弗朗瑞帕奶油

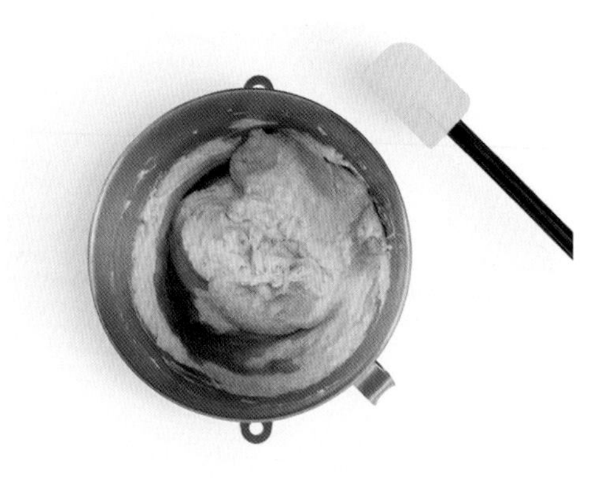

4 打发缸中加入软化至膏状的黄油、玉米淀粉和糖粉，用叶桨高速打发至颜色发白、体积膨胀。分次加入常温全蛋，用叶桨乳化均匀。加入杏仁粉，低速搅拌均匀。加入常温基础卡仕达酱、黑朗姆酒，低速搅拌均匀。放入装有直径 2 厘米圆形裱花嘴的裱花袋中。

◈ 组装与装饰

5 取已经折过一次 3 折和两次 4 折的反转千层面团（做法见 P30～32 的步骤 1～步骤 8），将面团压成两张厚 3 毫米、边长 22 厘米的正方形面皮。在其中一张面皮上裱挤弗朗瑞帕奶油。在弗朗瑞帕奶油外侧的面皮上，刷薄薄一层水。

6 重叠两张面皮。

7 放上直径 20 厘米的慕斯圈，使用小刀切割成圆形。放入冰箱冷藏变硬。

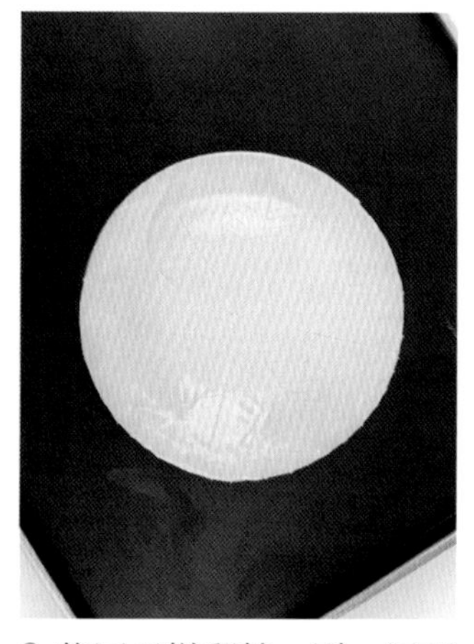

8 将国王饼翻转。刷一层蛋液，放入冰箱冷藏 15 分钟，让蛋液凝固。取出再刷一层蛋液，放入冰箱冷藏 10 分钟。画上花纹。放入预热好的平炉，上火 190℃、下火 170℃，烘烤约 50 分钟即可。

◎ 咸奶盖千层酥

咸奶盖千层酥

⊛ 材料（可制作 15 个）

反转千层面团（见 P30）700 克

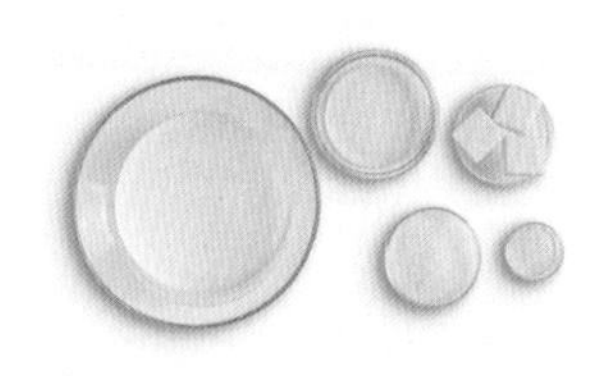

芝士咸奶盖

奶油芝士 18 克
细砂糖 9 克
牛奶 18 克
淡奶油 85 克
海盐 0.6 克

咖啡打发甘纳许

淡奶油（A）44 克
深烘咖啡豆 6 克
香草荚 1 根
吉利丁混合物 7 克
（或 1 克 200 凝结值吉利丁粉 + 6 克泡吉利丁粉的水）
西克莱特 35% 白巧克力 32 克
淡奶油（B）111 克

咸焦糖酱

配方见 P157，取 120 克即可

⊛ 做法

制作芝士咸奶盖

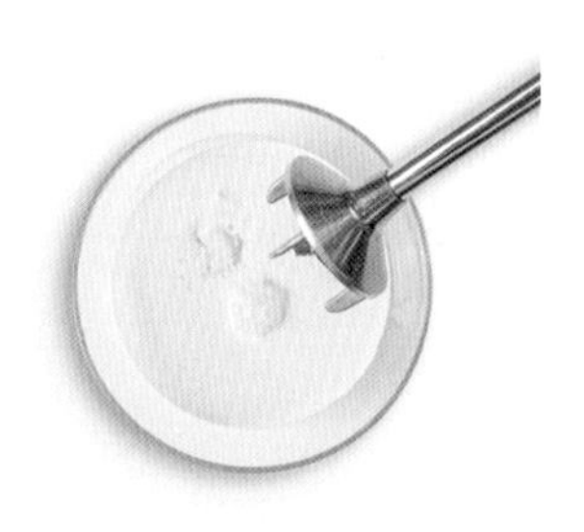

1 盆中放入奶油芝士、细砂糖、牛奶、淡奶油和海盐，用均质机搅打均匀，放入冰箱冷藏（4℃）备用。

制作咖啡打发甘纳许

2 咖啡豆装入裱花袋中，使用擀面杖敲破表皮。单柄锅中倒入淡奶油（A），加热至沸腾，加入咖啡豆，浸泡 10 分钟。过筛出咖啡豆。补齐淡奶油重量至 44 克。把香草荚剖开，刮出香草籽，放入单柄锅中。

3 加热至 80℃，加入泡好水的吉利丁混合物，搅拌至化开。冲入装有巧克力的盆中，用均质机均质均匀。

◈ 组装与装饰

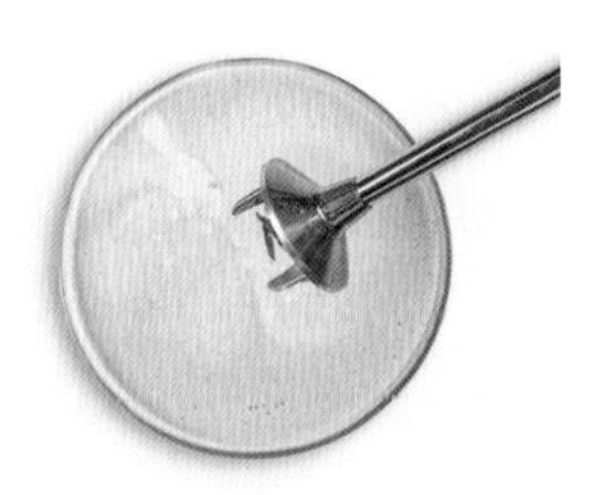

4 加入淡奶油（B），用均质机均质均匀。用保鲜膜贴面包裹，放入冰箱冷藏（4℃）12小时。

5 倒入打发缸中，中高速打发至八分发。装入带有裱花嘴（型号：SN7068）的裱花袋中。

6 取出已经折叠过两次3折和两次4折的反转千层面团（见P30~32），擀至4.5毫米厚。放在两张带孔耐高温硅胶烤垫中间，四个角放上高2厘米的模具，上面再压一张烤盘。

7 放入预热好的风炉烤箱，175℃烘烤约60分钟。

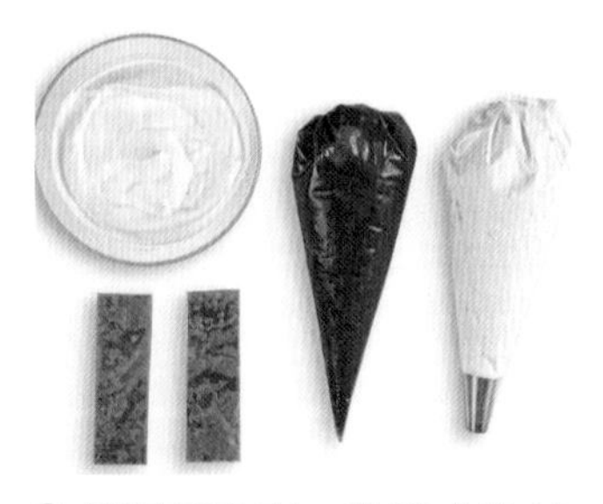

8 烤好后取出，裁切成长11厘米、宽3.5厘米的酥皮；准备好咸焦糖酱、咖啡打发甘纳许和芝士咸奶盖。

9 在其中一块酥皮上，裱挤两条咖啡打发甘纳许（共约10克）。

10 在中间缝隙中，挤入8克咸焦糖酱。

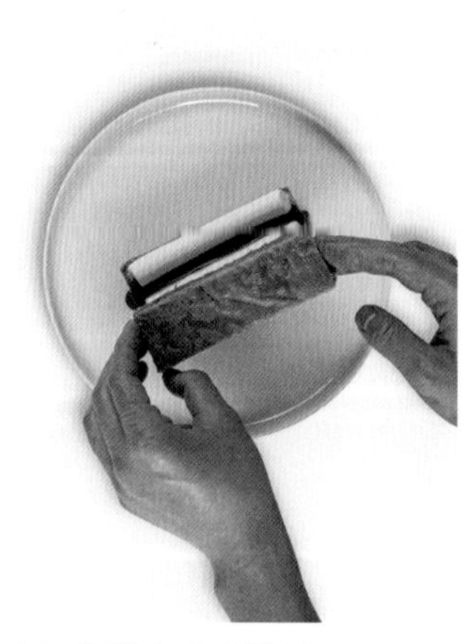

11 将酥皮重叠放置。

12 将芝士咸奶盖轻微打发，点缀在酥皮上即可。

◎ 树莓荔枝玫瑰
圣多诺黑

树莓荔枝玫瑰圣多诺黑

⊗ **材料**（可制作 3 个）

反转千层面团（见 P30）800 克

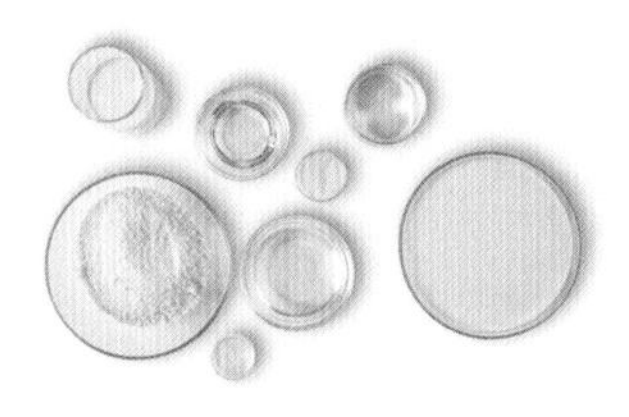

树莓荔枝酱

荔枝果肉 130 克

玫瑰花茶 6 克

水 50 克

树莓 85 克

树莓果泥 50 克

细砂糖 165 克

NH 果胶 5 克

青柠檬汁 60 克

吉利丁混合物 11.9 克

（或 1.7 克 200 凝结值吉利丁粉 + 10.2 克泡吉利丁粉的水）

荔枝玫瑰打发甘纳许

淡奶油 551 克

葡萄糖浆 32 克

西克莱特 35% 白巧克力 146 克

荔枝酒 72 克

吉利丁混合物 42 克

（或 6 克 200 凝结值吉利丁粉 + 36 克泡吉利丁粉的水）

玫瑰精华 4 克

泡芙面糊

水 125 克

牛奶 125 克

Echiré 恩喜村淡味黄油 125 克

细砂糖 2.5 克

细盐 2.5 克

伯爵传统 T55 面粉 150 克

全蛋 250 克

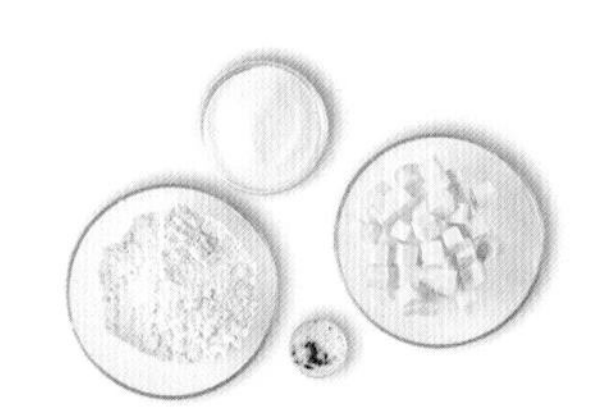

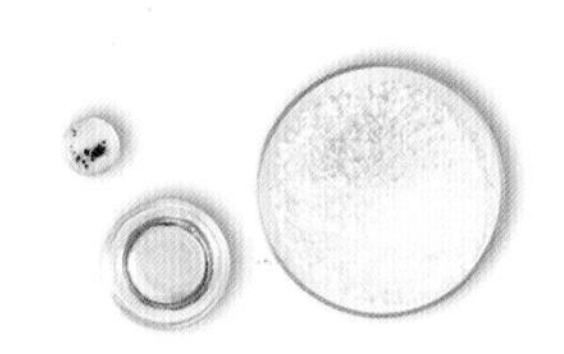

泡芙酥皮

Echiré 恩喜村淡味黄油 48 克

细砂糖 38 克

伯爵传统 T55 面粉 48 克

油溶性红色色粉适量

泡芙釉面

艾素糖 200 克

葡萄糖浆 200 克

油溶性红色色粉适量

马斯卡彭卡仕达酱

配方见 P157，增加为 4 倍用量

装饰

红色玫瑰花瓣适量

冻干树莓颗粒适量

⊗ 做法

制作树莓荔枝酱

1 单柄锅中加入水，加热至沸腾，加入玫瑰花茶，浸泡10分钟后，过筛出花茶。

2 加入荔枝和树莓，用均质机均质均匀无颗粒。

3 加入树莓果泥和青柠檬汁，加热至45℃左右；缓慢倒入混匀的细砂糖和果胶，边加入边用蛋抽搅拌。

4 加热至沸腾后，加入泡好水的吉利丁混合物，搅拌至化开。

5 倒入盆中，用保鲜膜贴面包裹，放入冰箱冷藏（4℃）冷却凝固。用均质机均质均匀，装入裱花袋中，备用。

制作荔枝玫瑰打发甘纳许

6 吉利丁粉缓慢倒入水中，同时使用蛋抽搅拌均匀，放入冰箱冷藏（4℃）10分钟，备用。

7 单柄锅中倒入淡奶油和葡萄糖浆，加热至 80℃。离火，加入泡好水的吉利丁混合物，搅拌至化开。

8 冲入装有巧克力的盆中，用均质机均质均匀。

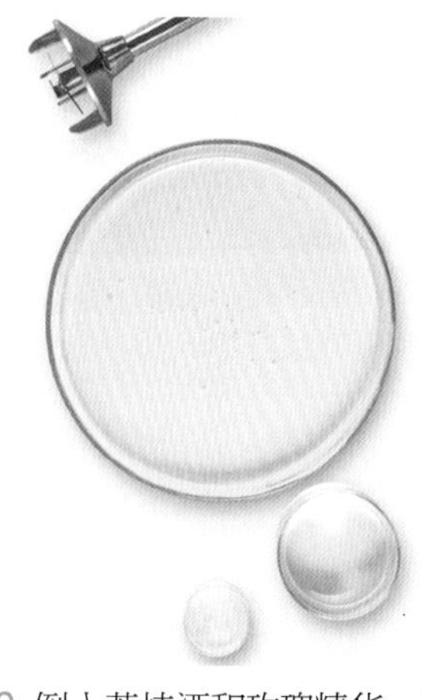

9 倒入荔枝酒和玫瑰精华，用均质机均质均匀。

10 用保鲜膜贴面包裹，放入冰箱冷藏（4℃）静置 12 小时。倒入打发缸中，中高速打发至八分发，装入带有裱花嘴（型号：韩国圣安娜 481）的裱花袋中。

制作泡芙面糊

11 在单柄锅中放入水、牛奶、黄油、细盐和细砂糖，一起加热至沸腾。

12 离火后加入过筛的面包粉，面糊搅拌均匀至无颗粒后，开火继续翻炒面糊至单柄锅底有一层膜出现。将炒好的面团倒入厨师机的缸中，用叶桨中速搅拌。

◈ 制作泡芙酥皮

13 当温度降至50℃时，将打散的全蛋分三四次加入，搅拌直至出现图中的面糊状态。

14 将做好的面糊放入盆中，用保鲜膜贴面包裹，放入冰箱冷藏（4℃）至少12小时，装入带有裱花嘴（型号：SN7066）的裱花袋中备用。

15 料理机中加入切成小块的黄油（冷藏状态）、细砂糖、面粉和油溶性红色色粉，搅打均匀。

16 倒在干净的桌面上，用刮板碾压均匀。

17 揉搓成圆柱状，擀压成2毫米厚。放入冰箱冷藏（4℃）冷却凝固。

18 使用直径3厘米的刻模刻出形状。

◈ 泡芙裱挤烘烤

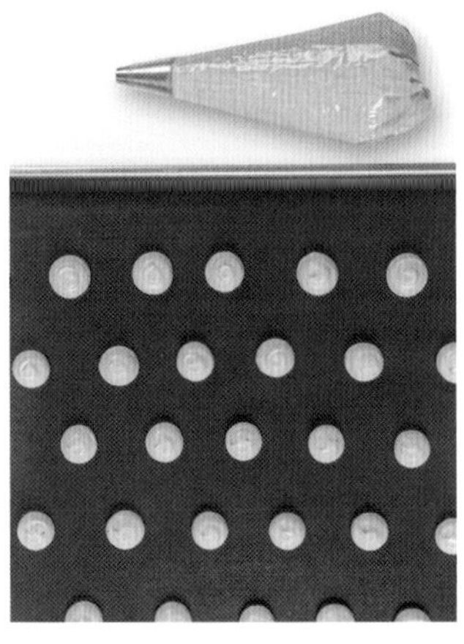

19 烤盘上喷脱模油，裱挤上直径 2 厘米的泡芙面糊。

20 盖上红色泡芙酥皮。

21 放入预热好的平炉烤箱，上火 170℃、下火 170℃，烘烤约 30 分钟。

◈ 制作泡芙釉面

22 单柄锅中倒入艾素糖、葡萄糖浆和油溶性红色色粉，小火加热至 150 ~ 160℃。

23 借助镊子将泡芙表面浸入釉面中，拿出滴走多余釉面。取出泡芙，放置在桌面上，在室温下冷却。

◈ 组装与装饰

24 取出已折叠过两次 3 折和两次 4 折的反转千层面团（见 P30 ~ 32），擀压至 3 毫米厚。上下垫带孔耐高温硅胶烤垫，表面再压上一张烤盘。放入预热好的风炉烤箱，180℃烘烤约 50 分钟，每烘烤 10 分钟取出，拍打烤盘，排出气体。

25 将烤好的酥皮切割成直径 25 厘米的圆形。

26 准备好酥皮、泡芙、冻干树莓、玫瑰花瓣、树莓荔枝酱、荔枝玫瑰打发甘纳许；马斯卡彭卡仕达酱装入带有裱花嘴（型号：SN7066）的裱花袋中。

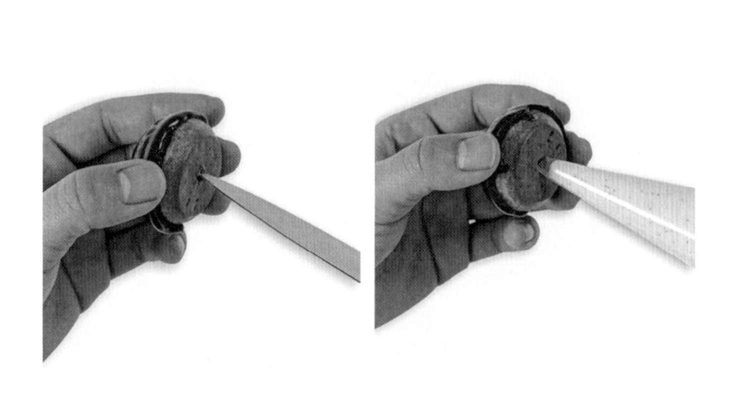

27 泡芙底部使用小刀戳孔，挤入 10 克马斯卡彭卡仕达酱。

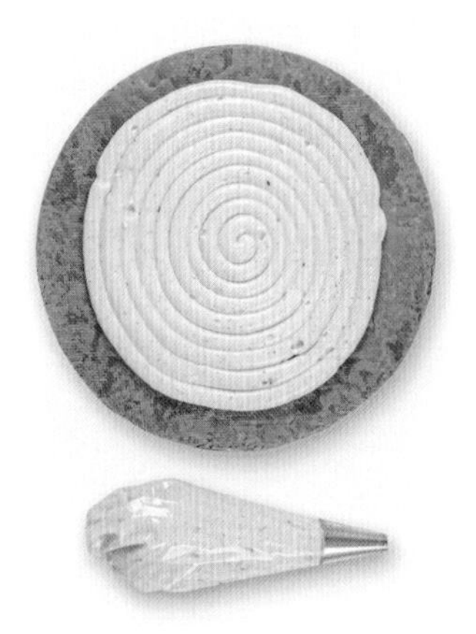

28 在距离酥皮边缘 2 厘米以内，裱挤 200 克马斯卡彭卡仕达酱。

29 在马斯卡彭卡仕达酱上裱挤 150 克树莓荔枝酱。

30 边缘放上步骤 27 的泡芙。

31 如图所示裱挤上 275 克荔枝玫瑰打发甘纳许。

32 中央放一颗泡芙，再摆上玫瑰花瓣。

33 把冻干树莓放入筛网中，碾压筛在甘纳许表面即可。

法甜风味发酵酥皮

◎ 草莓水立方冰激凌可颂

草莓水立方冰激凌可颂

⊗ 材料（可制作 12 个）

可颂面团（见 P24）1000 克
草莓口味冰激凌 240 克

巧克力披覆

西克莱特 35% 白巧克力 200 克
葡萄籽油 50 克
油溶性红色色粉适量

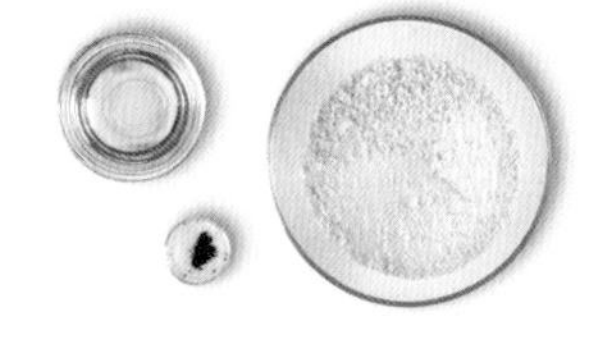

装饰

绿色翻糖小花适量
白芝麻适量

⊗ 做法

整形与填馅

1 取出已经折叠过一次 3 折和一次 4 折的可颂面团（见 P24 ~ 26），擀压至 4 毫米厚，切割成长 30 厘米、宽 3.5 厘米的面皮。

2 沿长边轻轻卷起面皮。

3 在模具（型号：SN2185）内部喷上脱模油，放入卷好的面皮。

4 放入醒发箱（温度 28℃，湿度 75%）醒发 90 ~ 120 分钟。盖上盖子，放入预热好的风炉烤箱，180℃烘烤约 18 分钟。

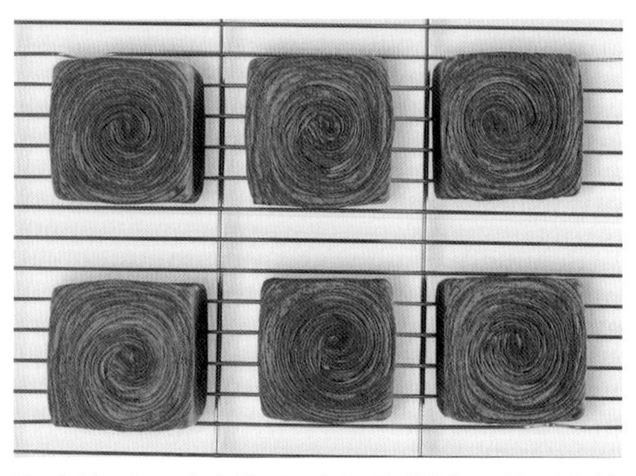

5 出炉后，震动模具，把可颂倒出，放置在烤网架上冷却。

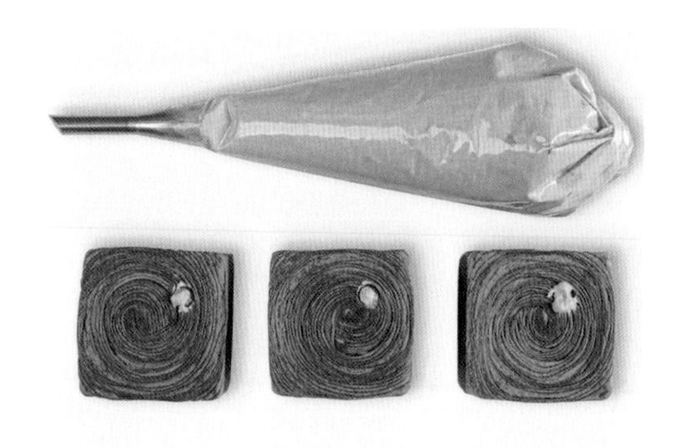

6 把草莓口味冰激凌装入带有裱花嘴（型号：SN7144）的裱花袋中，往烤好的水立方可颂中挤入 20 克。放入冷冻冰箱（-24℃）中。

制作巧克力披覆

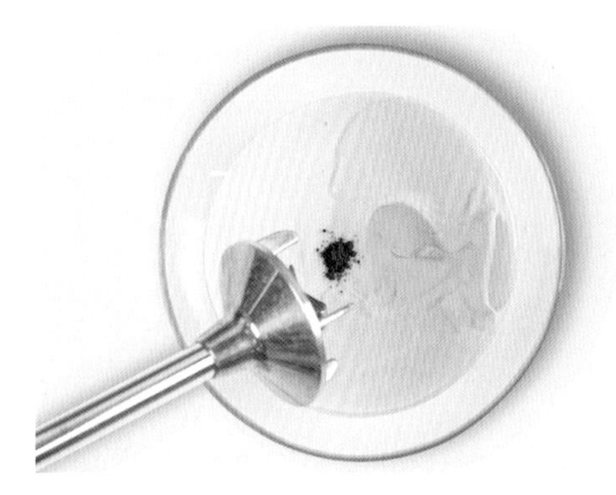

7 盆中放入巧克力和葡萄籽油，隔热水加热至巧克力化开后，加入油溶性红色色粉，用均质机均质均匀无颗粒，温度控制在 20℃左右。

装饰

8 将可颂淋上巧克力披覆，撒上白芝麻。

9 使用弯柄抹刀将可颂转移至展示盘上，装饰上绿色翻糖小花即可。

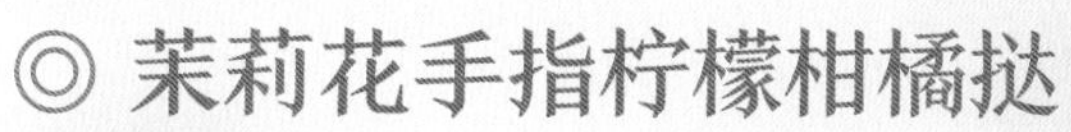
◎ 茉莉花手指柠檬柑橘挞

茉莉花手指柠檬柑橘挞

材料（可制作 24 个）

可颂面团（见 P24）1500 克

手指柠檬啫喱

水 61 克

鲜榨橙汁 91.5 克

细砂糖 15 克

琼脂 2 克

325NH95 果胶 1.5 克

三仙胶 0.8 克

手指柠檬 27 克

新鲜橙肉 20 克

茉莉卡仕达酱

牛奶 126 克

茉莉花茶 3 克

香草荚 1 根

淡奶油 14 克

细砂糖 25 克

蛋黄 25 克

玉米淀粉 12.5 克

Echiré 恩喜村淡味黄油 14 克

茉莉轻奶油

茉莉卡仕达酱 190 克

淡奶油 190 克

瑞式蛋白霜

细砂糖 156 克

蛋清 100 克

柠檬酸 1 克

装饰

酸浆草适量

做法

制作手指柠檬啫喱

1 盆中加入细砂糖、琼脂、果胶和三仙胶，用蛋抽搅拌均匀，备用。

2 单柄锅中倒入水和橙汁，缓慢倒入步骤 1 的材料，边倒入边用蛋抽搅拌。

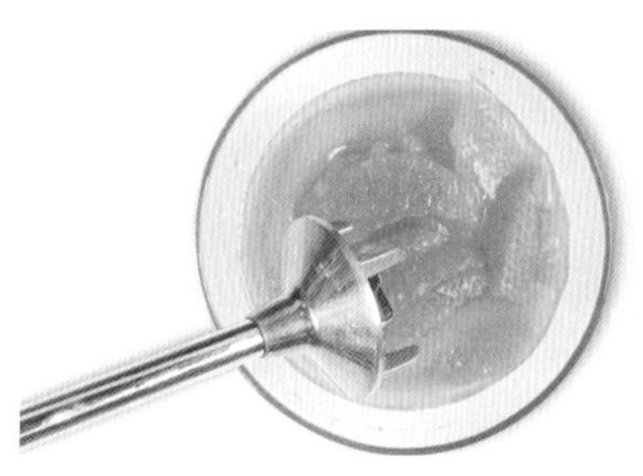

3 加热至沸腾后倒入盆中，用保鲜膜贴面包裹，放入冰箱冷藏（4℃）冷却凝固。加入橙肉，用均质机搅打顺滑。

4 加入手指柠檬，用刮刀拌匀，装入裱花袋中。

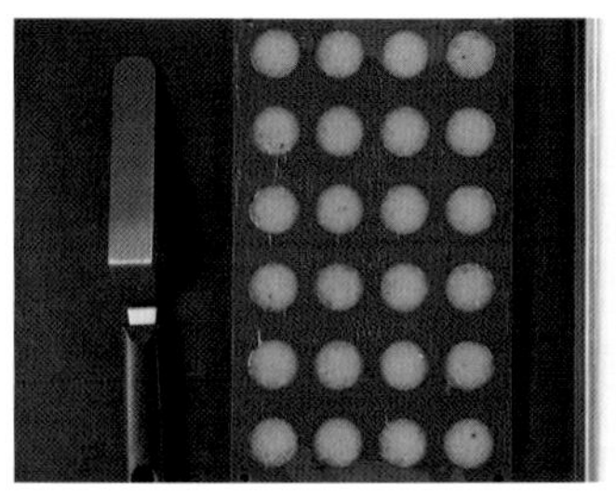

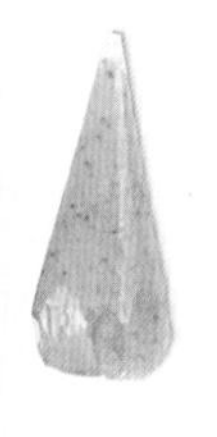

5 挤入直径3厘米的半圆形硅胶模具，用弯柄抹刀抹平整。放入急速冷冻机（-40℃）冷却凝固。

制作茉莉卡仕达酱

6 盆中放入细砂糖和淀粉，用蛋抽搅拌均匀；加入蛋黄和淡奶油，用蛋抽搅拌均匀，备用。

7 单柄锅中倒入牛奶，加热至80℃，关火，加入茉莉花茶，闷8分钟。

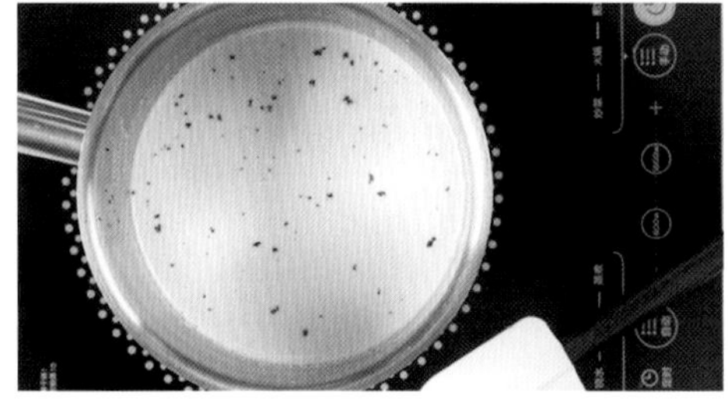

8 过滤出茶叶，补齐牛奶的重量至126克，把香草荚剖开，刮出香草籽，放入单柄锅中。加热至沸腾。

9 缓慢倒入步骤6的材料中，边倒入边用蛋抽搅拌均匀。

10 倒回单柄锅中，加热至浓稠且冒大泡，关火，加入黄油，用蛋抽搅拌均匀。倒入盆中。用保鲜膜贴面包裹，放入冰箱冷藏（4℃）冷却凝固。

制作茉莉轻奶油

11 将茉莉卡仕达酱过筛，加入打发至九成发的淡奶油，用蛋抽搅拌均匀。装入带有裱花嘴（型号：SN7066）的裱花袋中备用。

制作瑞式蛋白霜

12 打发缸中倒入蛋清、细砂糖和柠檬酸，隔热水加热至55～60℃。高速打发至中性发泡（坚挺的鹰钩状）。装入带有裱花嘴（型号：SN7068）的裱花袋中备用。

组装与装饰

13 取出已经折叠过一次3折和一次4折的可颂面团（见P24～26），用开酥机擀压至3毫米厚。使用美工刀切割成直径12厘米的圆形。

14 取两个直径8厘米、高3厘米的菊花模具，喷上脱模油，一个喷在模具底部，另一个喷在模具内部。

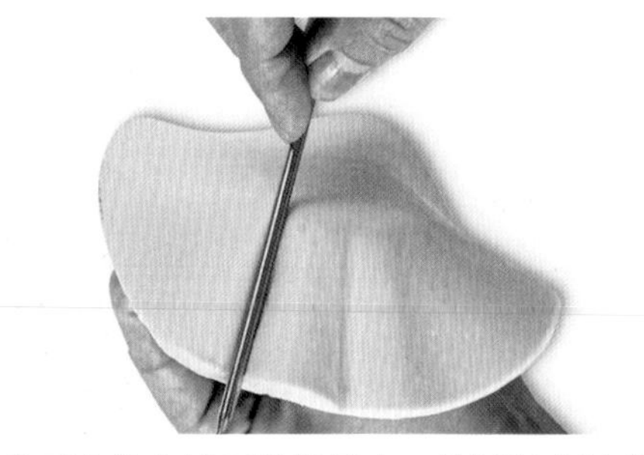

15 将面皮放在倒扣的模具上，使用温度计将面皮贴紧模具。

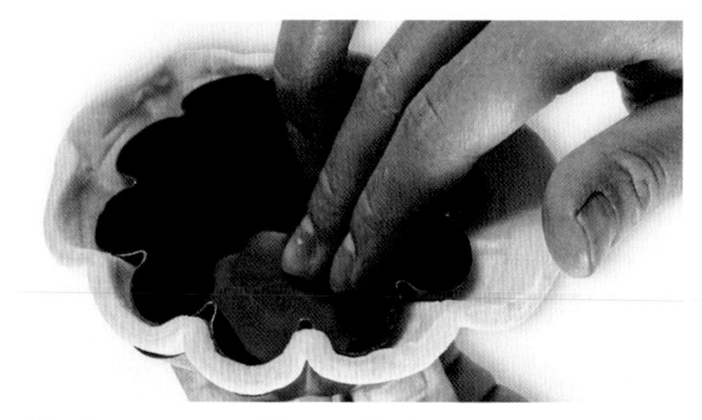

16 套上另一个模具，按紧，放入冰箱冷藏（4℃）冷却。

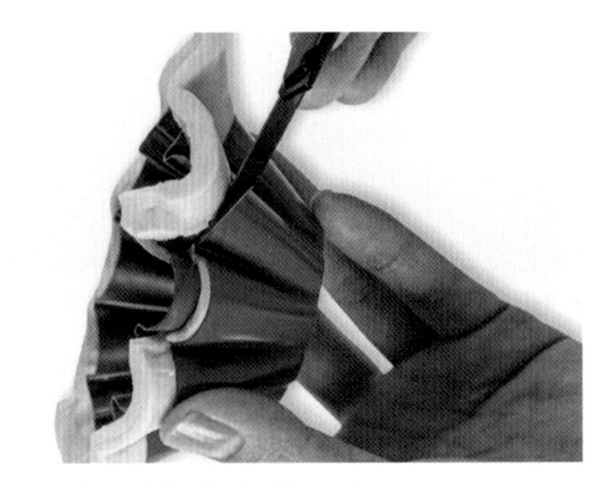

17 使用美工刀切割掉多余的面皮。

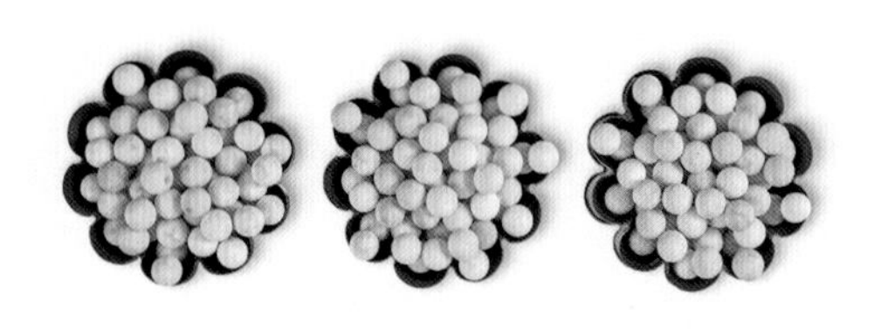

18 在模具内放入烘焙重石，放入预热好的风炉烤箱，175℃烘烤 15～20 分钟。出炉后倒出烘焙重石，将菊花挞脱模，在室温下放置冷却。

19 准备好茉莉轻奶油、瑞士蛋白霜、菊花挞、手指柠檬啫喱和酸浆草。

20 在菊花挞内放入手指柠檬啫喱。

21 裱挤上 15 克茉莉轻奶油。

22 再裱挤上 10 克瑞士蛋白霜。

23 单柄锅底部使用喷火枪加热。

24 单柄锅底部喷上脱模油，将步骤 22 挤好的蛋白霜烫至变色。最后点缀上酸浆草即可。

◎ 双色芝士可颂吐司

双色芝士可颂吐司

材料（可制作 20 个）

原色可颂面团（见 P24）2180 克

轻芝士蛋糕

奶油芝士 157.5 克
玉米淀粉 7.5 克
细砂糖（A）17.5 克
细盐 1.25 克
蛋黄 22.5 克
全蛋 62.5 克
淡奶油 15 克
蛋清 67.5 克
细砂糖（B）35 克

红色可颂面团

伯爵 T45 中筋面粉 500 克
细砂糖 60 克
盐 10 克
鲜酵母 20 克
Echiré 恩喜村淡味黄油 15 克
全蛋 25 克
冰水 210 克
Echiré 恩喜村淡味片状黄油 250 克
油溶性红色色粉适量

装饰

防潮糖粉适量
树莓适量

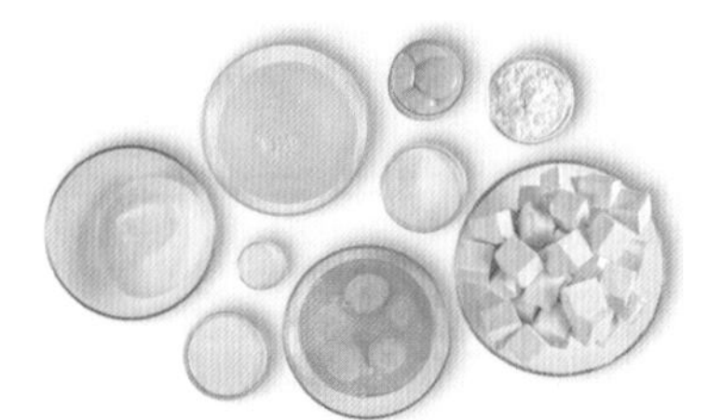

做法

制作轻芝士蛋糕

1 料理机中加入奶油芝士和混匀的细砂糖（A）、盐、淀粉，低速搅打均匀。

2 加入蛋黄，低速搅打均匀。

3 加入全蛋，低速搅打均匀。

4 加入淡奶油，低速搅打均匀。过筛备用。

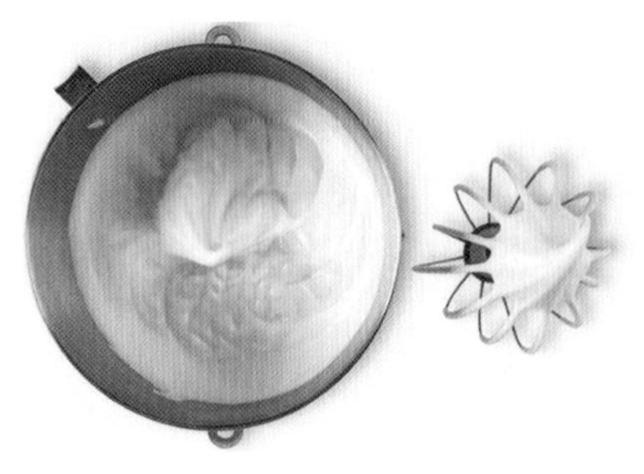

5 打发缸中倒入蛋清和细砂糖（B），中高速打发至湿性发泡。

6 步骤5的蛋白霜分两次加入步骤4的材料中，用刮刀翻拌均匀后再加入下一份。

7 倒入垫有烘焙油布的烤盘上，使用弯柄抹刀抹平整。放入预热好的平炉烤箱，上火160℃、下火170℃，水浴烘烤25～30分钟。

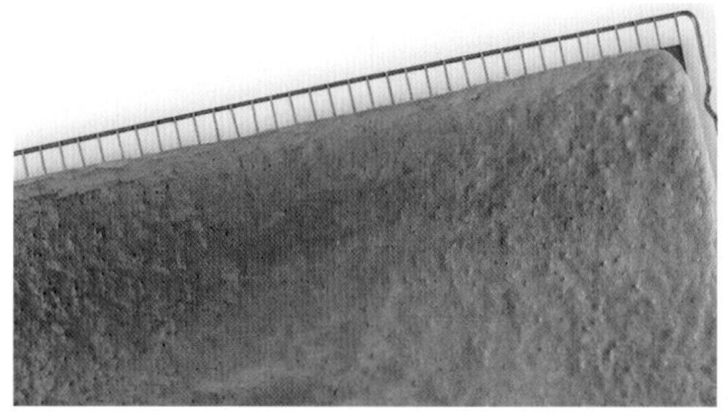

8 出炉后，使用小刀分离蛋糕和烤盘，转移到烤网架上冷却。

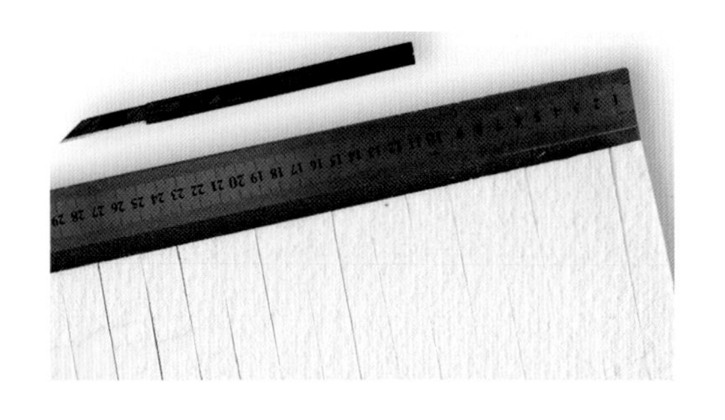

9 将烤好的蛋糕切分成长11厘米、宽2厘米的长方形，放入冰箱冷冻（-24℃）冻硬。

◈ 红色可颂面团

10 按原味可颂面团的做法完成打面后（做法见 P24 ~ 25 的步骤 1 ~ 步骤 5），加入油溶性红色色粉，用勾浆低速搅拌均匀。

11 取出面团规整外形，盖上保鲜膜，放置于 22 ~ 26℃的环境下，基础发酵 30 分钟。

12 面团松弛好后，用开酥机擀薄成长 40 厘米、宽 20 厘米，用保鲜膜包裹，先放入冰箱冷冻（-24℃）冻硬后，再转放入冰箱冷藏（4℃）松弛 12 小时。将片状黄油擀成边长 20 厘米的正方形，放置在红色面团的中间，使用美工刀切断两端面团。

13 从两端往中间折叠面团，将片状黄油包裹在中间。用擀面杖在表面轻轻按压，让面团和片状黄油黏合到一起。

14 开始第一次折叠，用开酥机顺着接口的方向依次递进地压薄，最终压到 5 毫米厚，把面团两端切平整后，平均分成 4 份，折一个 4 折。

15 开始第二次折叠，用开酥机依次递进地压薄，最终压到 5 毫米厚，把面团两端切平整后，平均分成 3 份，折一个 3 折。

16 用保鲜膜包裹，放入冰箱冷藏（4℃）松弛90分钟。取出松弛好的红色面团，擀成厚1.5~2厘米，使用美工刀切割成宽两三毫米的长条。

17 将长条贴合在已经折叠松弛好的原味可颂面团（见P24~26）上（尺寸为长25厘米、宽20厘米、厚1.5毫米），红色可颂面团和原味可颂面团的长度需保持一致。

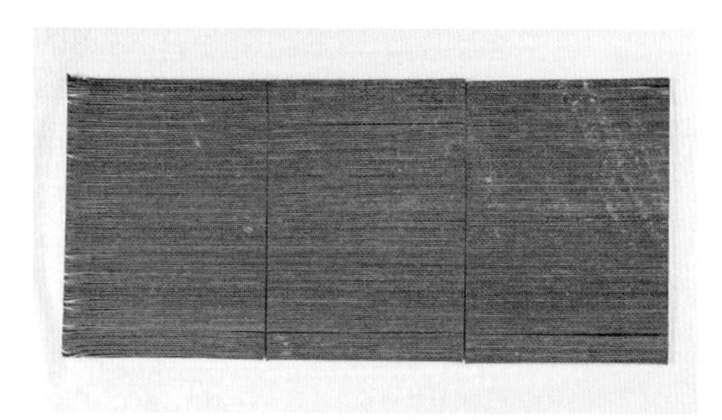

18 表面撒面粉，用开酥机擀至厚3.5毫米，去掉四边面团后，使用美工刀切割成长16.5厘米、宽11厘米。

19 将面皮红色面朝下，一侧压薄，另一侧放上冻硬的轻芝士蛋糕。

20 然后如图所示卷起。

21 放入长14厘米、宽6.5厘米、高4.5厘米长方形模具中，放入醒发箱（温度28℃，湿度75%）醒发70~90分钟。

22 醒发好后放入预热好的风炉烤箱，165℃烘烤约 20 分钟，出炉后震动烤盘，脱模，室温下放置冷却。

23 用烘焙油纸沿着斜对角遮挡，筛上防潮糖粉。

24 放上切半的树莓装饰即可。

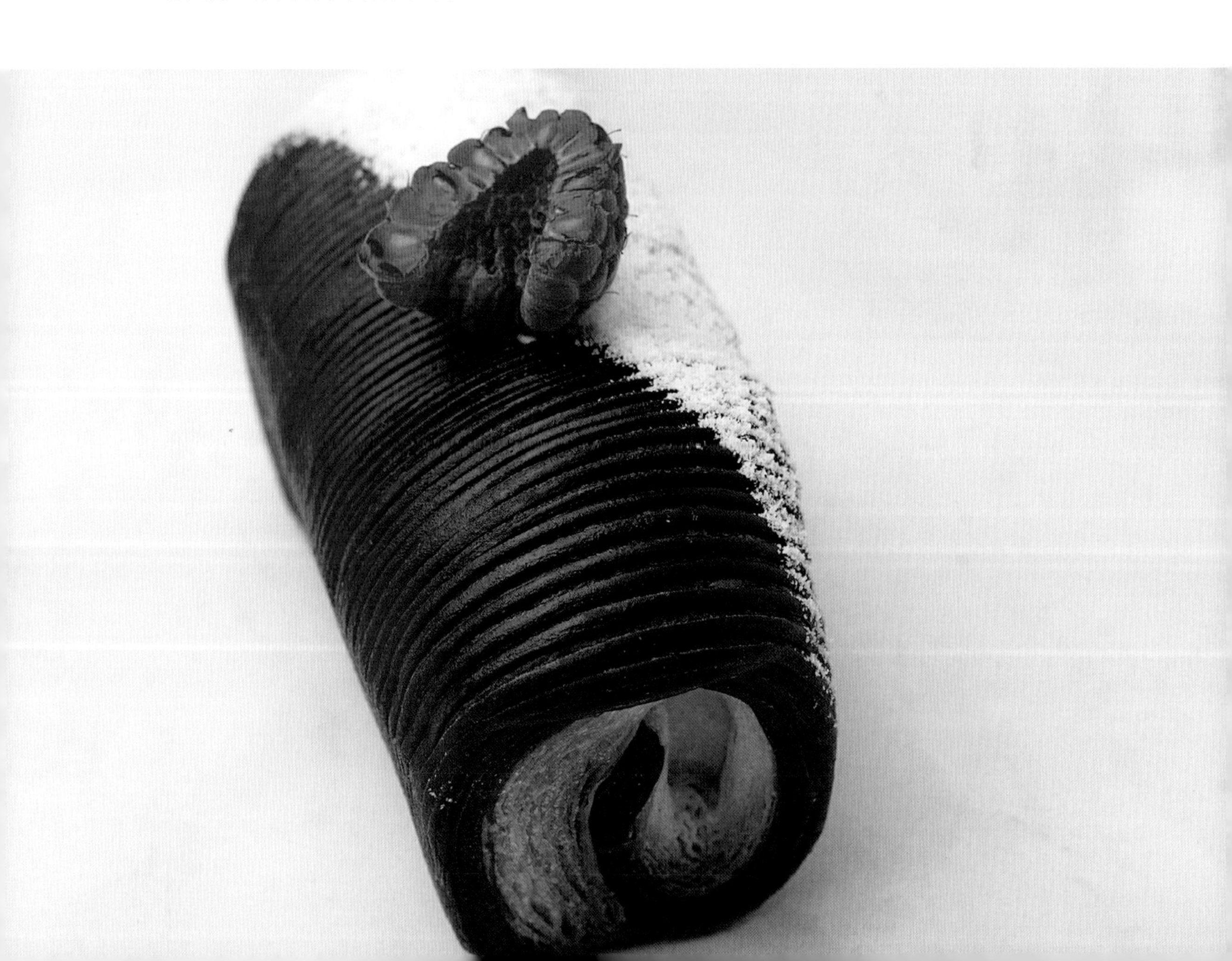

◎ 生巧可颂卷

生巧可颂卷

材料（可制作 18 个）

可颂面团（见 P24）600 克

巧克力卡仕达酱

牛奶 159 克
淡奶油 20 克
香草荚 1 根
蛋黄 36 克
细砂糖 20 克
玉米淀粉 10 克
伯爵 T45 中筋面粉 10 克
可可脂 12 克
吉利丁混合物 31.5 克
（或 4.5 克 200 凝结值吉利丁粉 + 27 克泡吉利丁粉的水）
西克莱特 60% 黑巧克力 32 克

黑巧甘纳许

淡奶油 161 克
转化糖浆 26.5 克
西克莱特 60% 黑巧克力 102 克

装饰

西克莱特耐高温巧克力豆适量
黑色巧克力爆脆珠适量
防潮糖粉适量

做法

制作巧克力卡仕达酱

1 盆中放入细砂糖、淀粉和面粉，搅拌均匀，加入蛋黄和淡奶油，再次搅拌均匀，备用。

2 把香草荚剖开，刮出香草籽。单柄锅中倒入牛奶和香草籽，煮沸，缓慢倒入步骤 1 的材料中，边倒边均匀搅拌。

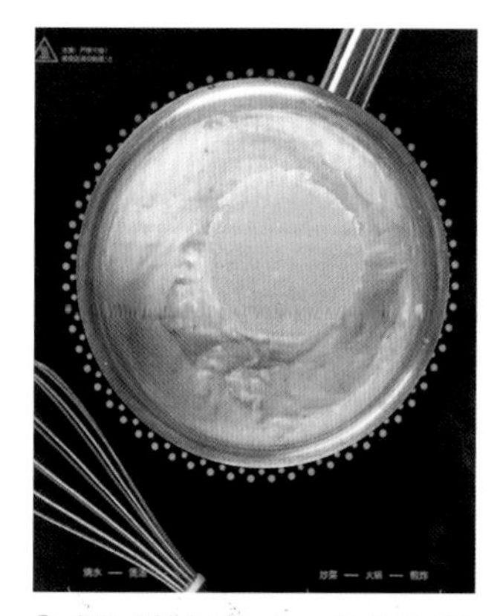

3 倒回单柄锅中，加热至浓稠冒大泡，关火，加入泡好水的吉利丁混合物，搅拌至化开。

4 加入可可脂和巧克力，搅拌均匀。

5 倒入盆中，用保鲜膜贴面包裹，放入冰箱冷藏（4℃）冷却凝固。过筛，使用蛋抽搅拌顺滑，备用。

制作黑巧甘纳许

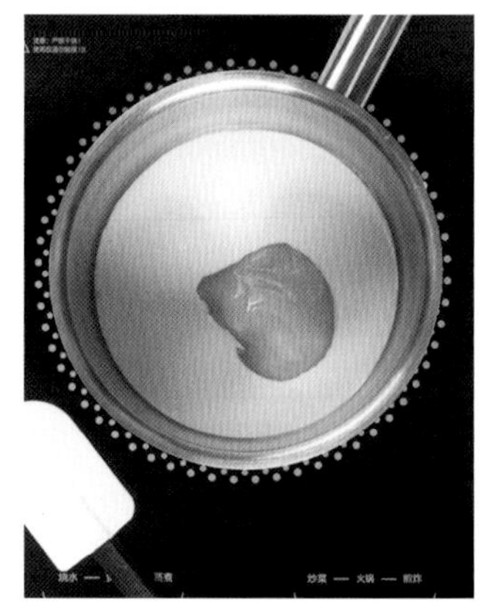

6 单柄锅中倒入淡奶油和转化糖浆，加热至80℃。

7 冲入装有巧克力的盆中，用均质机均质均匀，用保鲜膜贴面包裹，放入冰箱冷藏（4℃）冷却凝固。

组装与装饰

8 取出已经折叠过一次3折和一次4折的可颂面团（见P24~26），用开酥机擀压至3.5毫米厚，切割成边长40厘米的正方形，将一端刮薄。

9 使用弯柄抹刀涂抹上220克巧克力卡仕达酱，留3厘米不抹。

10 轻轻卷起面皮，接口处用少量水黏合。放入冰箱冷冻（-24℃）30分钟。

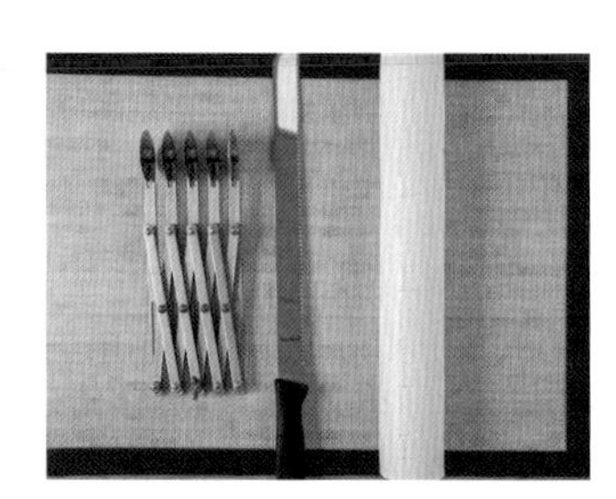

11 使用锯齿刀切走边缘不规整的部分；滚轮刀间隔2厘米，在可颂卷上做出印记。

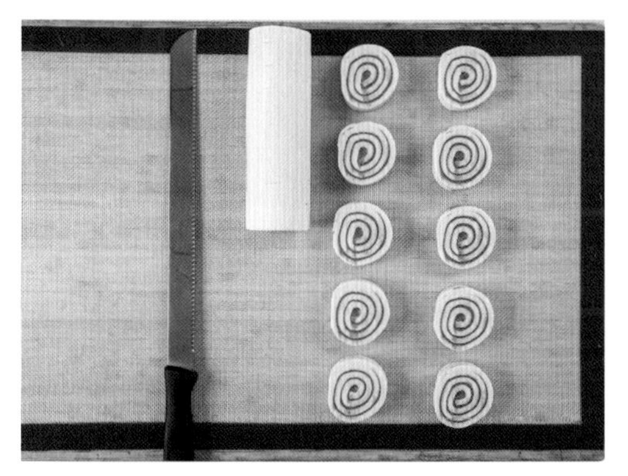

12 使用锯齿刀依照印记切割可颂卷。

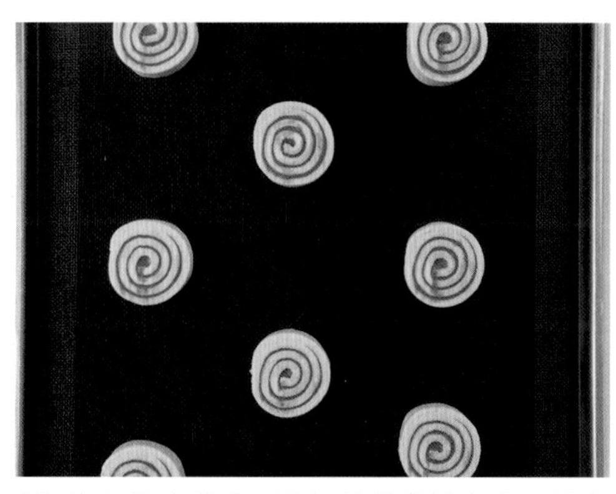

13 放在垫有带孔耐高温烤垫的烤盘上，放入醒发箱（温度 28℃，湿度 75%）醒发 90～120 分钟，醒发好后放入预热好的风炉烤箱，180℃烘烤 15～20 分钟。

14 巧克力卡仕达酱装入裱花袋中；黑巧甘纳许装入带有裱花嘴（型号：韩国 9 号，直径 5.5 毫米）的裱花袋中；准备烤好的可颂卷和装饰材料。

15 在可颂卷上裱挤 5 克巧克力卡仕达酱。

16 再裱挤上 15 克黑巧甘纳许。

17 使用半圆刮板遮挡，在一侧筛上防潮糖粉。

18 最后放上巧克力豆和爆脆珠装饰即可。

◎ 火腿蘑菇白酱可颂卷

火腿蘑菇白酱可颂卷

材料（可制作 20 个）

可颂面团（见 P24）800 克

火腿蘑菇白酱

口蘑 120 克

Echiré 恩喜村淡味黄油（A）8 克

淡奶油 30 克

Echiré 恩喜村淡味黄油（B）40 克

伯爵传统 T65 面粉 30 克

牛奶 300 克

盐之花 1 克

黑胡椒粒 2 克

切片火腿 150 克

蛋液

配方见 P153

装饰

黑松露适量

做法

制作火腿蘑菇白酱

1 口蘑切片。

2 不粘锅中加入黄油（A），加热至化开后，加入口蘑翻炒。

3 小火将口蘑煎出水分，加入淡奶油，继续加热。

4 收干汁水，倒入盆中，备用。

5 黄油（B）放入单柄锅中，加热至化开后加入面粉，搅拌均匀后加热煮开。

6 离火，分次加入牛奶，混合均匀。

7 再次加热煮沸。离火，加入切碎的火腿片、步骤 4 的炒口蘑、黑胡椒粒和盐之花，拌匀。

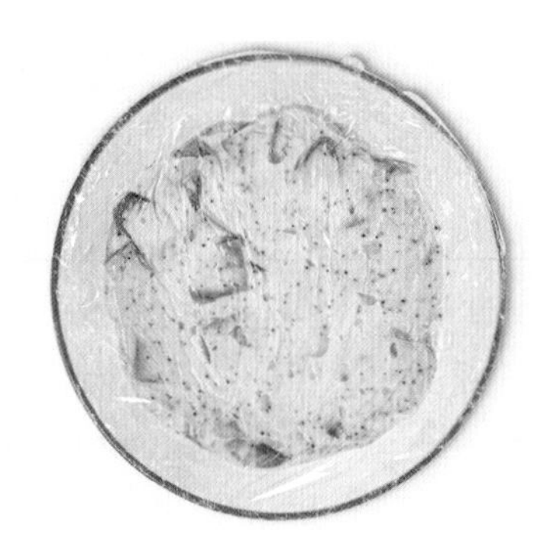

8 倒入盆中，用保鲜膜贴面包裹，放入冰箱冷藏（4℃）。

整形与装饰

9 取已经折叠过一次 3 折和一次 4 折的可颂面团（见 P24~26），用开酥机压至 3 毫米厚，切成长 32 厘米、宽 3 厘米，卷在模具（SN4212）上，卷起时要将三分之一的面皮重叠。放入醒发箱（温度 28℃，湿度 75%）醒发约 60 分钟。

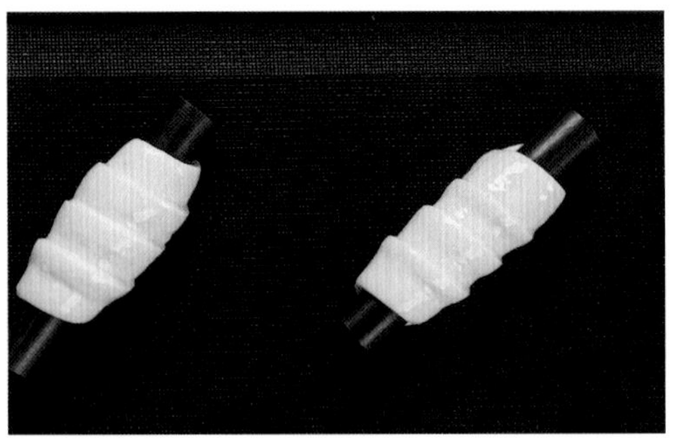

10 醒发好后取出，表面刷上蛋液。放入预热好的风炉烤箱，180℃烘烤 15~20 分钟。出炉后取下模具。

11 在可颂卷中间填入 40 克火腿蘑菇白酱。放入预热好的风炉烤箱，165℃烘烤约 10 分钟。

12 黑松露刨成薄片，放在可颂卷上装饰即可。

桃子可颂挞

材料（可制作 15 个）

可颂面团（见 P24）1000 克

白桃打发甘纳许

白桃果肉 84 克
柠檬酸 0.8 克
淡奶油 336 克
吉利丁混合物 3.5 克
（或 0.5 克 200 凝结值吉利丁粉 +
3 克泡吉利丁粉的水）
西克莱特 35% 白巧克力 92.5 克
白桃利口酒 42 克

桃子啫喱

白桃果肉 135.5 克
柠檬酸 1 克
青柠檬汁 5.5 克
细砂糖 5.5 克
NH 果胶 1.6 克
血桃果肉颗粒 135.5 克
白桃利口酒 5.5 克

装饰

黄桃适量
芝麻苗适量
镜面果胶适量

做法

制作白桃打发甘纳许

1 切丁的白桃果肉加入柠檬酸，用均质机搅打成泥，备用。

2 单柄锅中倒入淡奶油，加热至沸腾后，加入泡好水的吉利丁混合物，搅拌至化开。冲入装有巧克力的盆中，用均质机搅打均匀。

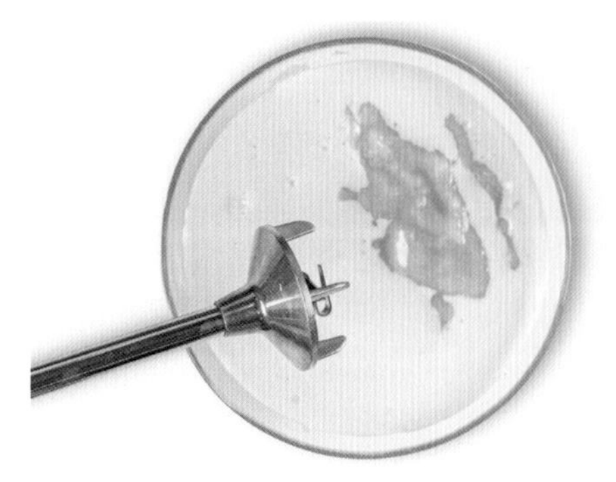

3 倒入白桃利口酒和步骤 1 的材料，用均质机搅打均匀。用保鲜膜贴面包裹，放入冰箱冷藏（4℃）12 小时。

4 从冰箱取出，打发至八分发，装入带有裱花嘴（型号：韩国直径 18 毫米）的裱花袋中。

制作桃子啫喱

5 盆中放入细砂糖和果胶，用蛋抽搅拌均匀，备用。切丁的白桃果肉加入柠檬酸，用均质机搅打成泥，倒入单柄锅中，再加入柠檬汁，加热至 45℃左右。缓慢倒入混匀的细砂糖和果胶，边倒边用蛋抽搅拌，加热至沸腾。

6 离火，倒入白桃利口酒和血桃果肉颗粒，搅拌均匀，装入裱花袋中。

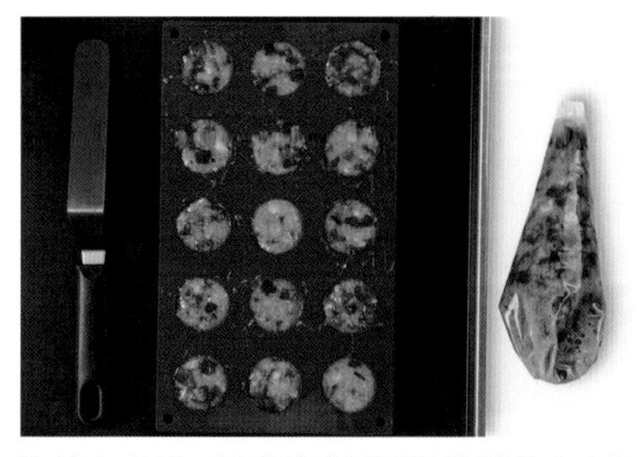

7 挤入直径 4 厘米的半圆形硅胶模具中（每个约 18 克）。放入急速冷冻机（−40℃）冷却凝固。

组装与装饰

8 取出已经折叠过一次 3 折和一次 4 折的可颂面团（见 P24 ~ 26），擀压至 4.5 毫米厚。使用美工刀切割成直径 16 厘米的圆形面皮。

9 取两个直径 11 厘米、高 4.2 厘米的菊花模具，喷上脱模油，一个喷在模具底部，另一个喷在模具内部。将面皮放在倒扣的模具上。

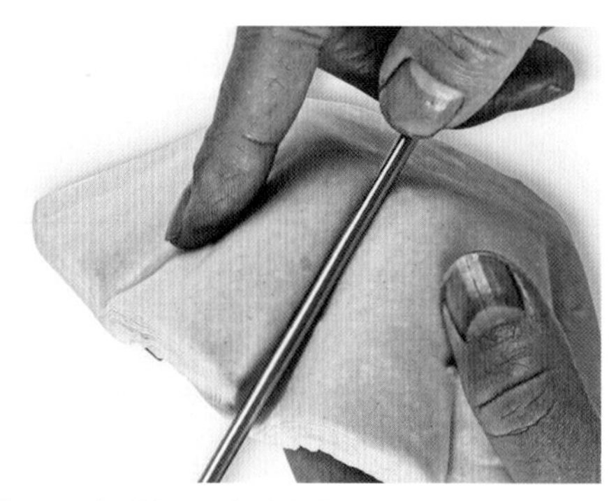

10 使用温度计将面皮贴紧模具。

11 套上另一个模具，按紧。放入冰箱冷藏（4℃）冷却。

12 使用美工刀切割掉多余的面皮。

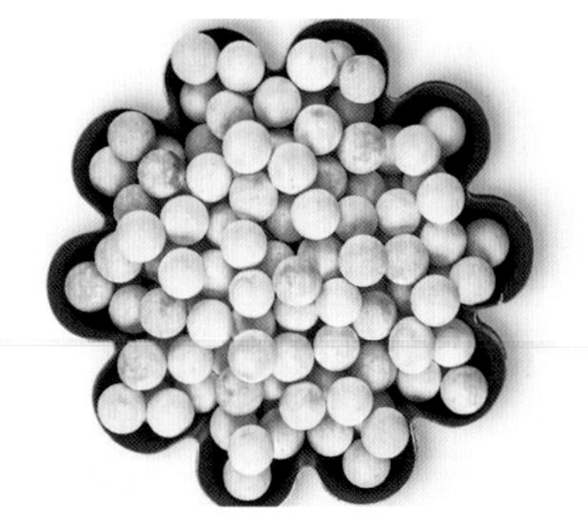

13 在模具内放入烘焙重石，放入预热好的风炉烤箱，175℃烘烤约 20 分钟。出炉后倒出烘焙重石，将菊花挞脱模，在室温下放置冷却。

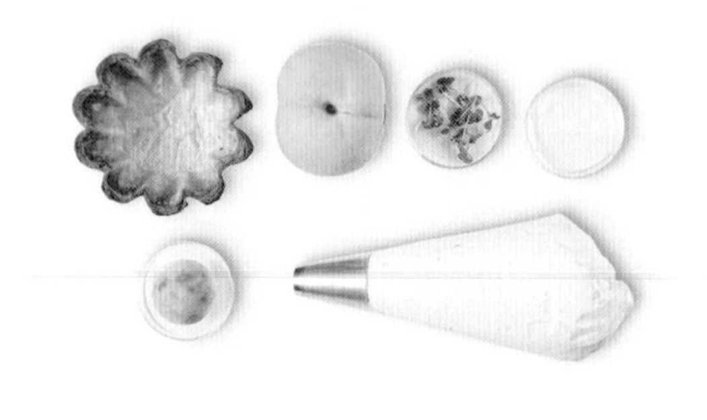

14 准备好菊花挞、黄桃、芝麻苗、镜面果胶、桃子啫喱和白桃打发甘纳许。

15 在可颂挞内放入桃子啫喱。

16 裱挤上 40 克白桃打发甘纳许。

17 使用小刀在黄桃上斜切，在切下的桃子表面刷上镜面果胶。

18 在可颂挞上放入黄桃和芝麻苗即可。

◎ 牛奶花可颂挞

牛奶花可颂挞

⊗ 材料（可制作 20 个）

可颂面团（见 P24）800 克

60% 榛子帕林内

榛子仁 270 克
细砂糖 180 克
细盐 0.5 克

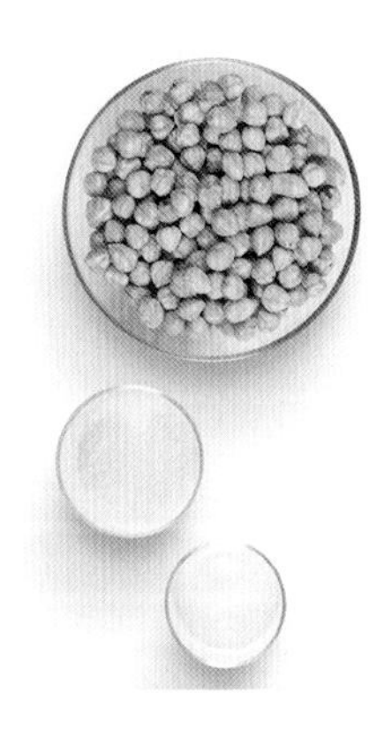

香草卡仕达酱

牛奶 196 克
香草荚 1 根
细砂糖 35 克
全蛋 39 克
玉米淀粉 19.5 克
Echiré 恩喜村淡味黄油 39 克

奶油焦糖

细砂糖 36 克
葡萄糖浆 58 克
牛奶 18 克
淡奶油 76 克
香草荚 2 根
盐之花 1 克
Echiré 恩喜村淡味黄油 29 克

香草打发甘纳许

配方见 P157

蛋液

配方见 P153

牛奶米布丁

配方见 P157

⊗ 做法

制作 60% 榛子帕林内

1 将榛子仁放入烤箱，150℃烘烤至内部上色，取出，冷却备用。

2 单柄锅中分四五次加入细砂糖熬煮，每次需要等糖完全化开再加入下一次，直至熬成深棕色的干焦糖。

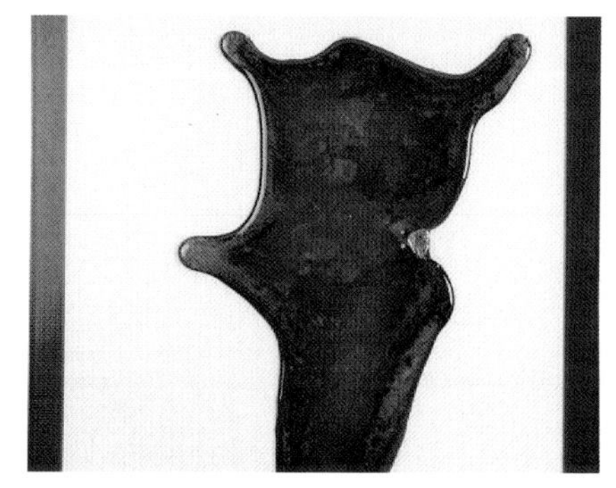

3 将煮好的干焦糖倒在硅胶垫上，放至降温。

4 将放凉的榛子仁、放凉敲碎的干焦糖和细盐一起放入破壁机中。

5 开机搅打至细腻无颗粒。

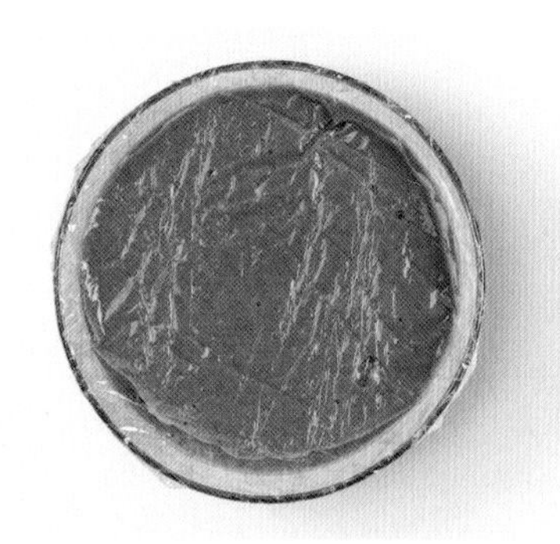

6 倒入碗中，用保鲜膜贴面包裹，放入冰箱冷藏（4℃）备用即可。

小贴士

烘烤坚果（本配方中为榛子）的过程非常重要，需要烘烤至均匀上色。因为坚果的香味需要烘烤后才能凸显出来。

制作香草卡仕达酱

7 把香草荚剖开，刮出香草籽。单柄锅中加入牛奶、香草籽，用电磁炉加热煮沸。

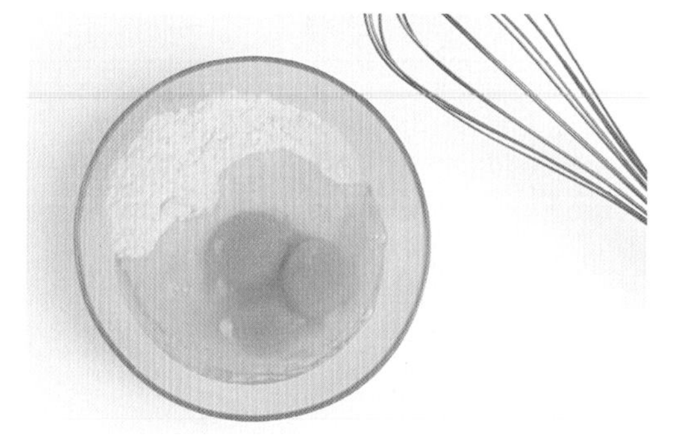

8 细砂糖与过筛的玉米淀粉混合，搅拌均匀；加入全蛋，搅拌均匀。

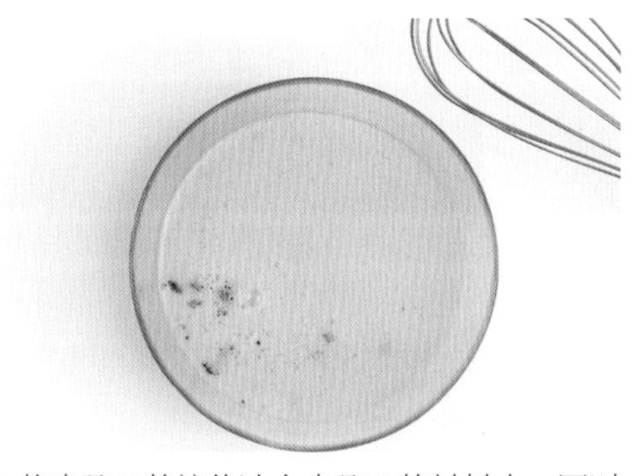

9 将步骤 7 的液体冲入步骤 8 的材料中，同时使用蛋抽搅拌。

10 倒回单柄锅中，加热搅拌至浓稠冒大泡。

11 离火，加入切成小块的黄油，搅拌均匀。

12 用保鲜膜贴面包裹，放入冰箱冷藏冷却。

制作奶油焦糖

13 把香草荚剖开，刮出香草籽。单柄锅（A）中加入牛奶、淡奶油、盐之花、葡萄糖浆和香草籽，加热至沸腾，备用。另取一个单柄锅（B），倒入细砂糖，小火熬成干焦糖，分次加入室温状态的黄油，搅拌均匀。

14 将单柄锅（A）的材料分次加入单柄锅（B）中，用刮刀搅拌均匀。

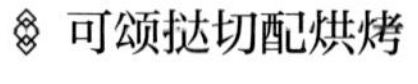

可颂挞切配烘烤

15 再次加热至沸腾，用均质机乳化均匀。用保鲜膜贴面包裹，放入冰箱冷藏（4℃）。

16 取出已经折叠过两次4折的可颂面团（参考P24~26），擀至5毫米厚。使用美工刀切割成边长为7.5厘米的正方形。放置在带孔耐高温烤垫上，放入醒发箱（温度28℃，湿度75%）醒发约80分钟。

17 香草卡仕达酱过筛，用蛋抽搅拌顺滑，装入裱花袋中，在发酵好的可颂面团上挤10克，香草卡仕达酱周边的面团刷上蛋液。放入预热好的风炉烤箱，175℃烘烤约15分钟。

组装与装饰

18 准备好牛奶米布丁、香草卡仕达酱、可颂挞、60%榛子帕林内、奶油焦糖；打发好的香草打发甘纳许装入带有裱花嘴（型号：WILTON124）的裱花袋中。

19 可颂挞上挤入 5 克香草卡仕达酱。

20 挤入 15 克牛奶米布丁。

21 裱花嘴尖头朝外，在可颂挞上裱挤三层香草打发甘纳许。

22 在中间孔洞中先填入 10 克奶油焦糖。

23 再填入 10 克 60% 榛子帕林内。

24 再次裱挤香草打发甘纳许即可。

◎ 香草草莓罗勒可颂挞

香草草莓罗勒可颂挞

❀ 材料（可制作 20 个）

可颂面团（见 P24）700 克

草莓汁

冷冻草莓 100 克

细砂糖 10 克

草莓罗勒啫喱

草莓汁 46 克	草莓果泥 108 克
黄柠檬汁 23 克	琼脂 3 克
三仙胶 0.7 克	细砂糖 35.5 克
罗勒叶 3.5 克	新鲜草莓丁 329 克

香草卡仕达酱

配方见 P203

香草打发甘纳许

配方见 P157

蛋液

配方见 P153

装饰

防潮糖粉适量

新鲜草莓适量

开心果粒适量

❀ 做法

制作草莓汁

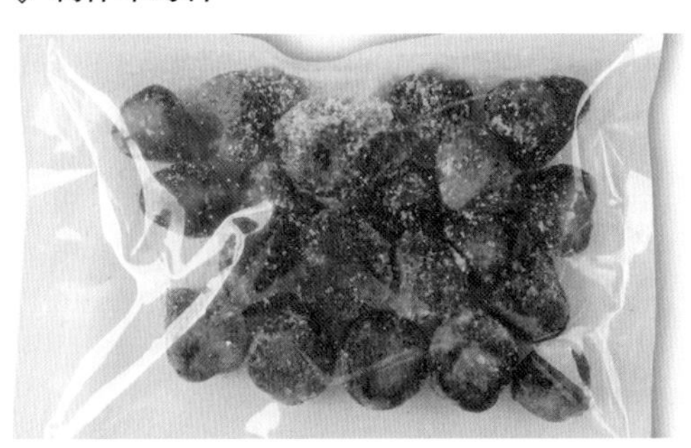

1 把制作草莓汁的原材料混合均匀，装入塑封袋中，使用封口机封口。放入预热好的风炉烤箱，90℃烘烤约 1 小时。冷却后放入冷藏冰箱静置一晚。过滤出草莓汁备用。

制作草莓罗勒啫喱

2 单柄锅中加入草莓汁、草莓果泥和柠檬汁。缓慢倒入混匀的细砂糖、琼脂和三仙胶，边倒入边用蛋抽搅拌。

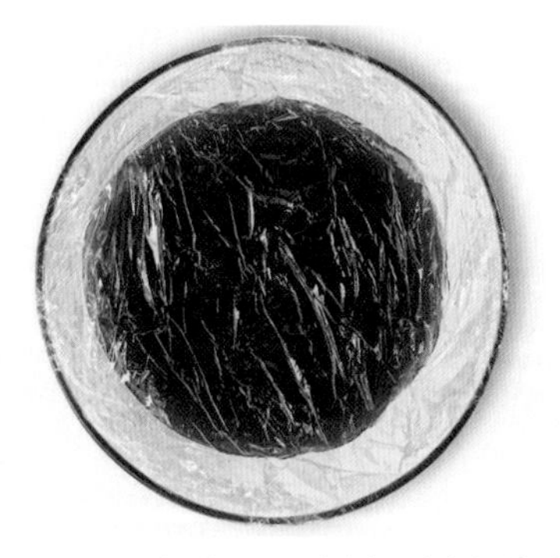

3 加热，持续煮沸一两分钟；倒入盆中，用保鲜膜贴面包裹，放入冰箱冷藏（4℃）冷却凝固。

4 用均质机均质均匀后，加入草莓丁和切丝的罗勒叶，用刮刀拌匀。

组装与装饰

5 准备好可颂挞（做法见 P206 的步骤 16 ~ 步骤 17）、新鲜草莓、切半的开心果、防潮糖粉；草莓罗勒啫喱装入裱花袋中；打发好的香草打发甘纳许装入带有裱花嘴（型号：SN7112）的裱花袋中。

6 可颂挞填入 25 克草莓罗勒啫喱。

7 在啫喱周边放上一圈切半的草莓，筛上防潮糖粉。

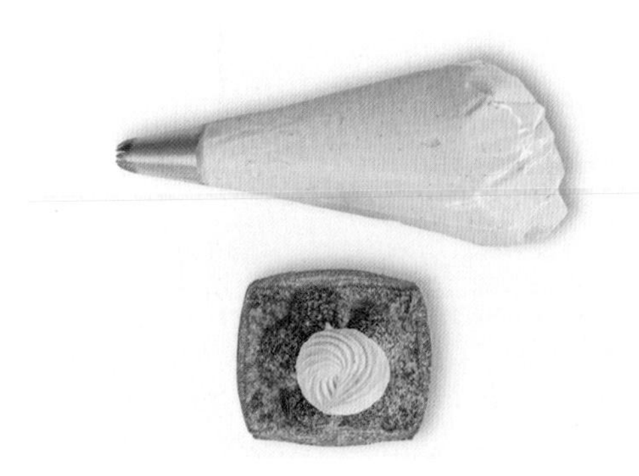

8 裱挤上香草打发甘纳许。

9 装饰上草莓片和切半的开心果即可。

◎ 咖啡焦糖可芬

咖啡焦糖可芬

❀ 材料（可制作 20 个）

可颂面团（见 P24）1500 克

30° 波美糖浆

细砂糖 135 克

水 100 克

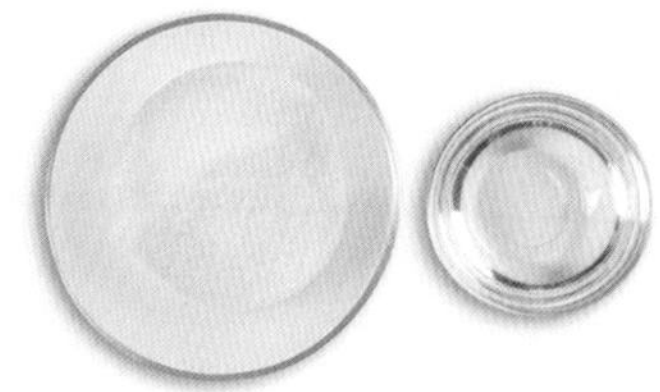

咖啡打发甘纳许

淡奶油 233 克

咖啡豆 9 克

吉利丁混合物 10.5 克

（或 1.5 克 200 凝结值吉利丁粉 +9 克泡吉利丁粉的水）

西克莱特 35% 白巧克力 47.5 克

奶油焦糖

配方见 P203

60% 榛子帕林内

配方见 P203，缩减为 1/2 用量

装饰

防潮糖粉适量

西克莱特可可粉适量

焦糖饼干适量

❀ 做法

制作 30° 波美糖浆

1 单柄锅中加入细砂糖和水，煮沸。倒入盆中，备用。

制作咖啡打发甘纳许

2 把咖啡豆敲碎。

3 单柄锅中加入淡奶油，加热至沸腾。加入咖啡豆碎，浸泡 10 分钟。

4 过筛，补齐淡奶油重量至 233 克，再次加热至 80℃。

5 离火，加入泡好水的吉利丁混合物，搅拌至化开。

6 冲入装有巧克力的盆中，用均质机均质均匀。用保鲜膜贴面包裹，放入冰箱冷藏（4℃）12小时。

整形与烘烤

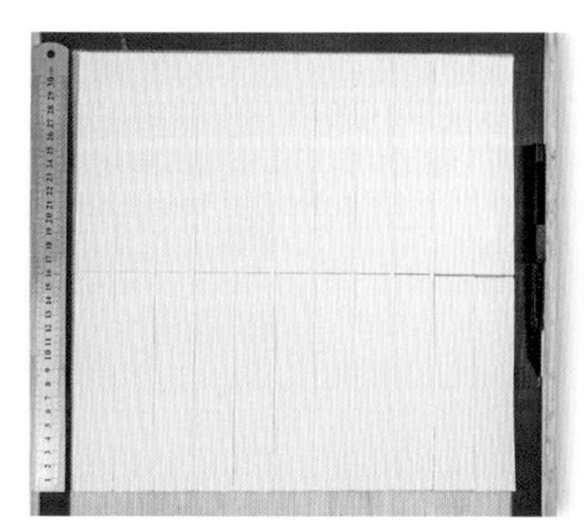

7 取出已经折叠过一次3折和一次4折的可颂面团（见P24~26），擀至3毫米厚。切割成长16厘米、宽2.8厘米。

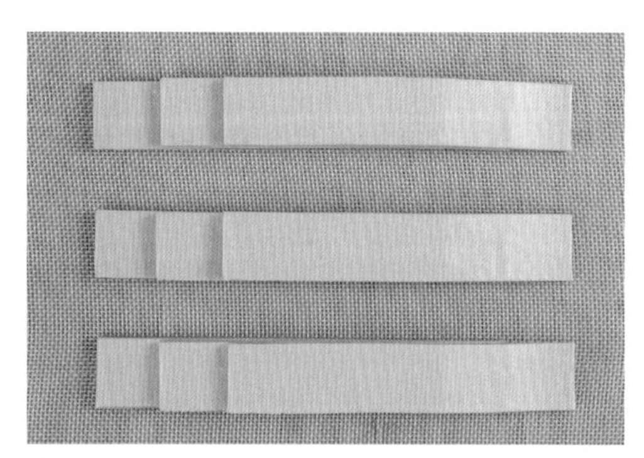

8 每三片为一组，每片之间间隔3厘米，重叠放置。

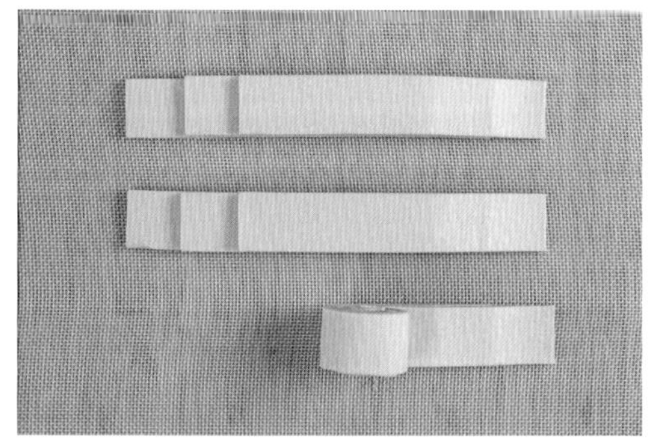

9 如图所示卷起面皮，卷好后切面朝上。

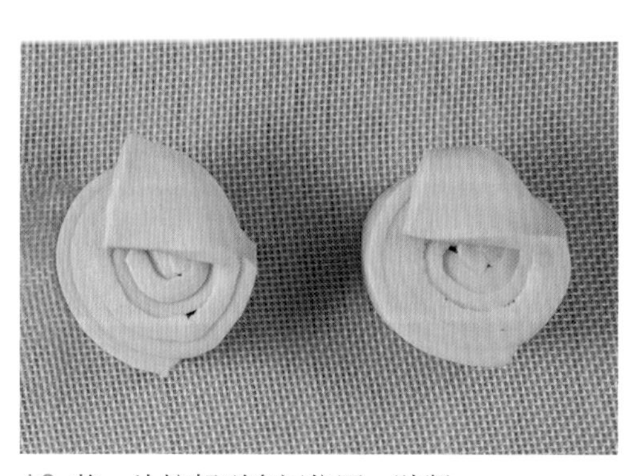

10 将一片拉起到中间位置，贴紧。

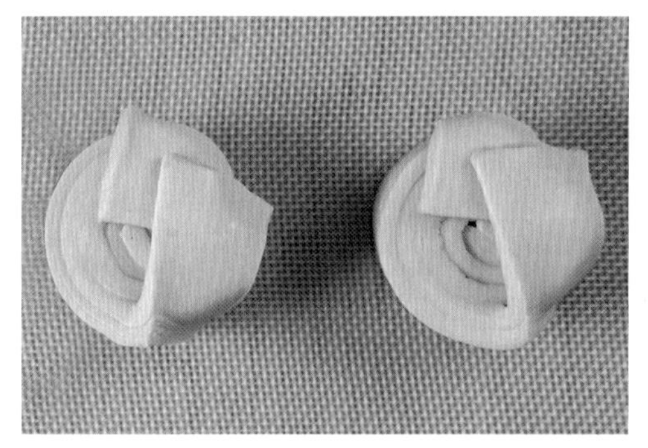

11 第二片再拉起，贴紧。

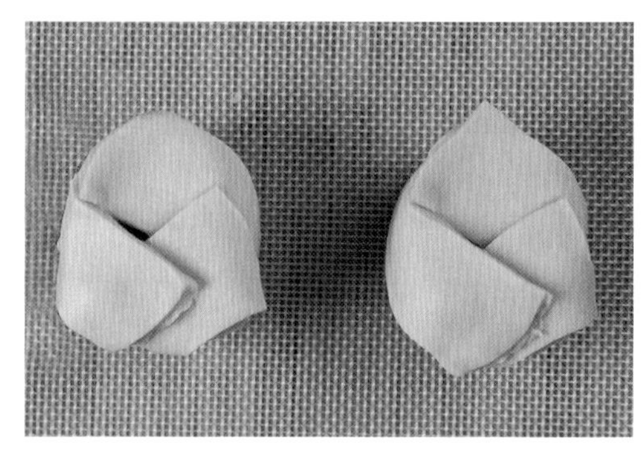

12 第三片再拉起，贴紧，不要留有缝隙。

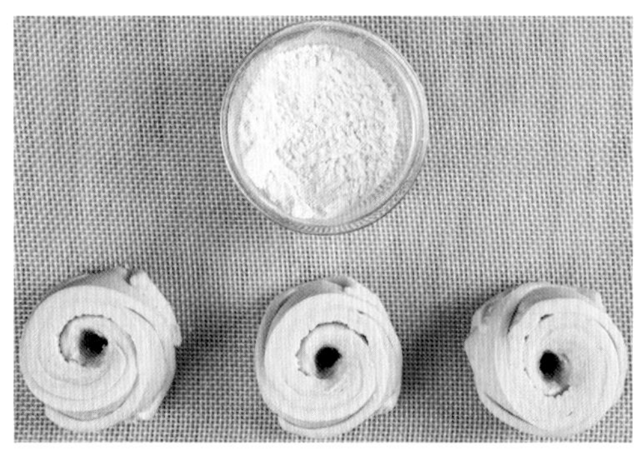

13 翻过来，揉圆一点，手指蘸上一点面粉，从中间旋转戳到底。

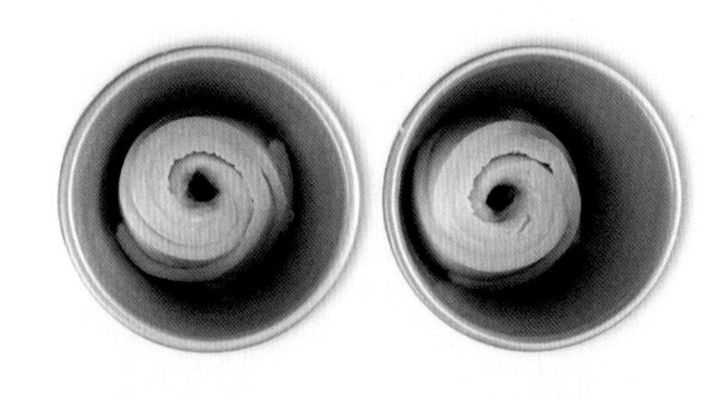

14 模具（型号：SN6017）内壁均匀喷上脱模油，放入整形好的面团。放入醒发箱（温度28℃，湿度75%）醒发约90分钟。

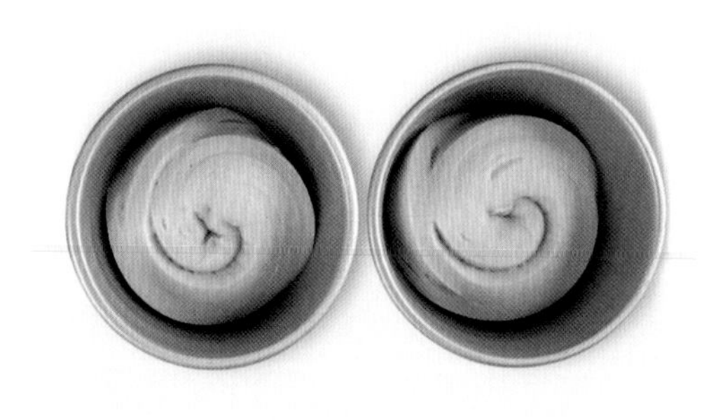

15 醒发好后放入预热好的平炉烤箱，上火215℃、下火165℃，烘烤约15分钟。

16 出炉后，趁热脱模，在表面均匀刷上30°波美糖浆。放回烤箱中，再烘烤一两分钟。

17 咖啡打发甘纳许打发至八分发，装入带有裱花嘴（型号：SN7066）的裱花袋中。

18 准备好可芬、60% 榛子帕林内、奶油焦糖、咖啡打发甘纳许、焦糖饼干、防潮糖粉和可可粉。

19 从可芬中间挤入 10 克 60% 榛子帕林内。

20 挤入 10 克奶油焦糖。

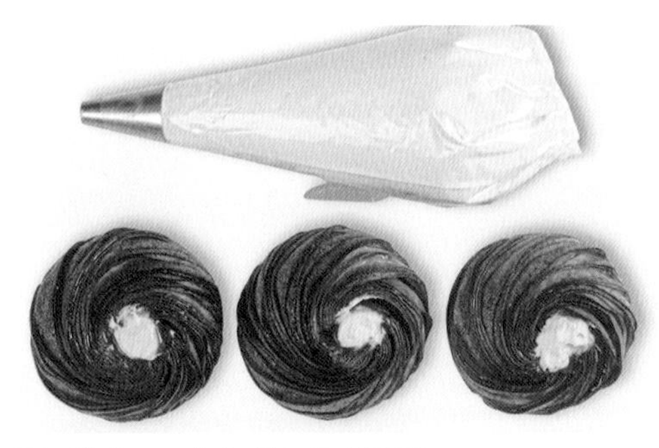

21 挤入 10 克咖啡打发甘纳许。

22 筛上防潮糖粉。

23 筛上可可粉。

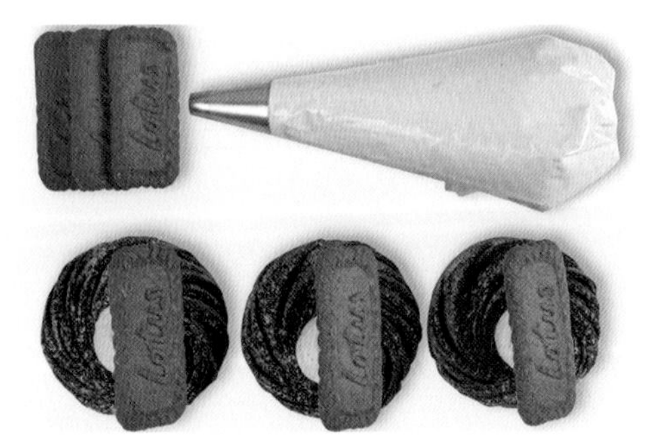

24 裱挤上咖啡打发甘纳许，放上焦糖饼干完成装饰即可。

◎ 罗勒草莓千层布里欧修挞

罗勒草莓千层布里欧修挞

⊗ **材料**（可制作 1 个）

可颂面团（见 P24）200 克

杏仁奶油

Echiré 恩喜村淡味黄油 33 克

糖粉 33 克

杏仁粉 33 克

玉米淀粉 1 克

全蛋 20 克

草莓果冻

草莓 135 克

细砂糖 9 克

325NH95 果胶 1.5 克

琼脂 2 克

罗勒轻奶油

牛奶 140 克

蛋黄 33 克

细砂糖 24 克

玉米淀粉 3.5 克

伯爵传统 T55 面粉 7 克

罗勒叶 5 克

吉利丁混合物 7 克

（或 1 克 200 凝结值吉利丁粉 +
6 克泡吉利丁粉的水）

淡奶油 44 克

装饰

罗勒叶适量

草莓适量

镜面果胶适量

⊗ **做法**

制作杏仁奶油

1 料理机中加入黄油（软化成膏状）、糖粉、杏仁粉和玉米淀粉。

2 低速搅打均匀后，加入常温的全蛋。

制作草莓果冻

3 搅打均匀，装入带有裱花嘴（型号：SN7066）的裱花袋中。

4 盆中放入细砂糖、果胶和琼脂，使用蛋抽搅拌均匀，备用。

5 单柄锅中加入切成小丁的草莓，加热至 45℃左右；缓慢倒入步骤 4 的材料，边倒入边使用蛋抽搅拌。

6 加热至沸腾。

制作罗勒轻奶油

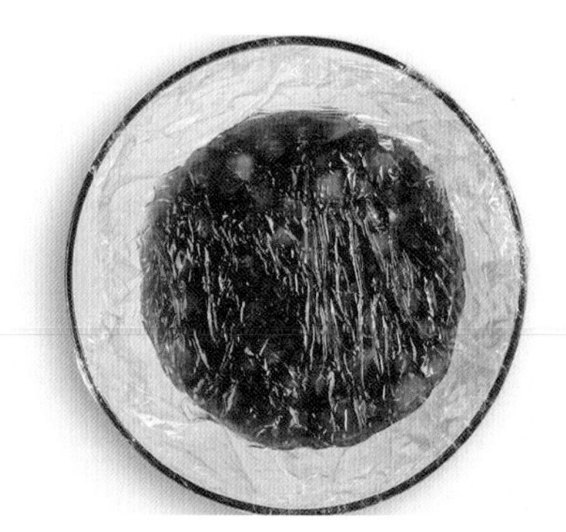

7 倒入盆中，用保鲜膜贴面包裹，放入冰箱冷藏（4℃）冷却凝固。

8 盆中加入细砂糖和过筛后的淀粉、面粉，用蛋抽搅拌均匀后，加入蛋黄，搅拌至均匀无颗粒。

9 单柄锅中倒入牛奶和切碎的罗勒叶，煮沸。

10 将步骤 9 的材料缓慢冲入步骤 8 的材料中，边倒入边用蛋抽搅拌。

11 倒回单柄锅中，加热至浓稠冒大泡，关火，加入泡好水的吉利丁混合物，搅拌至化开。

12 倒入盆中，用保鲜膜贴面包裹，放入冰箱冷藏（4℃）冷却凝固。

13 过筛出罗勒叶。

14 搅拌至顺滑状态，加入打发至九分发的淡奶油，用蛋抽搅拌均匀。

制作布里欧修挞

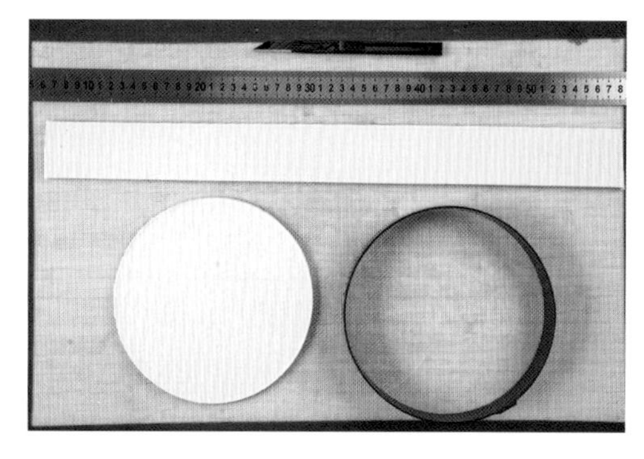

15 取出已经折叠过一次 3 折和一次 4 折的可颂面团（见 P24~26），擀压成 4 毫米厚。切割成一条长 50 厘米、宽 4.8 厘米的长方形和一张直径 16 厘米的圆形面皮。

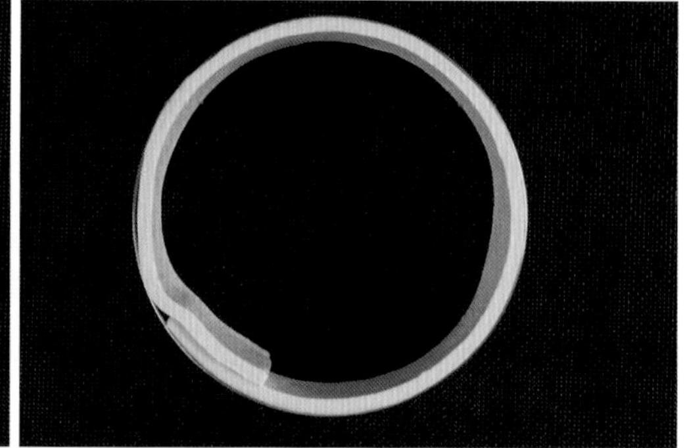

16 将长方形面皮先放入直径 15 厘米的慕斯圈内，将面皮贴紧慕斯圈内壁。放入冰箱冷冻（−24℃）冻硬。

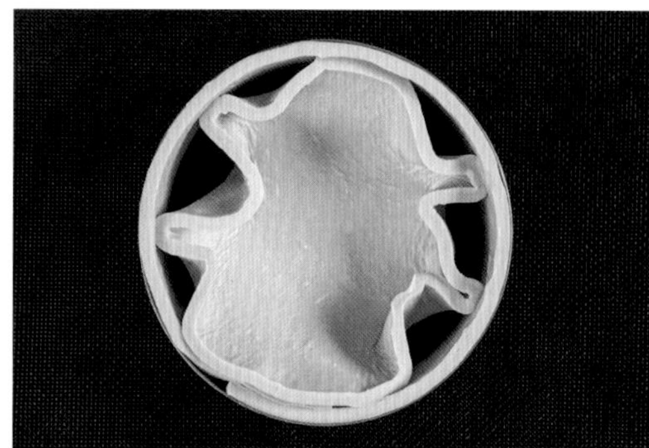

17 放入圆形面皮，贴紧慕斯圈底部和内壁。放入冰箱冷冻（−24℃）冻硬。

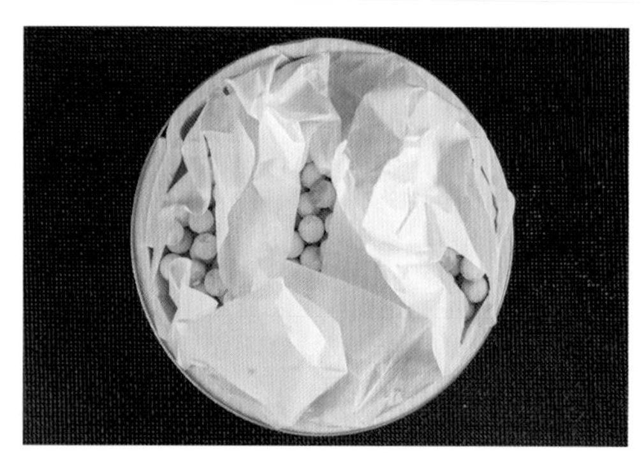

18 放入烘焙油纸，再放入烘焙重石。放入预热好的风炉烤箱，175℃烘烤约 25 分钟。

组装与装饰

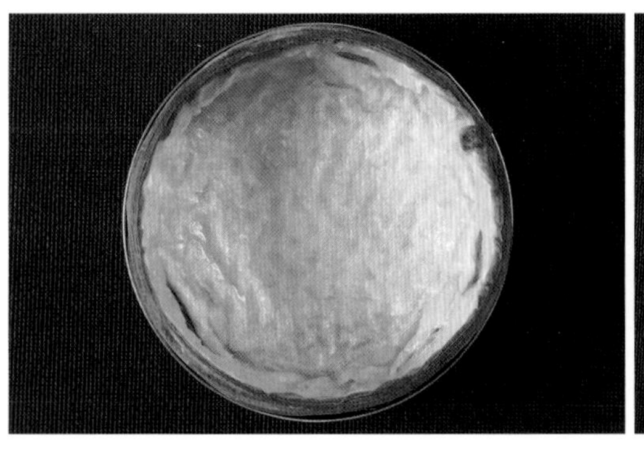

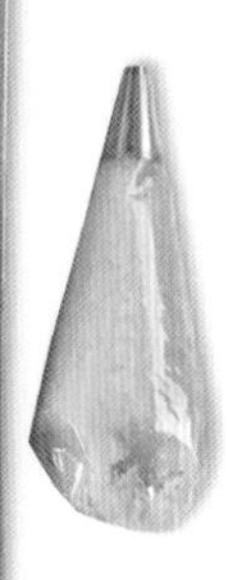

19 出炉后，取出烘焙重石，挤入 120 克杏仁奶油。

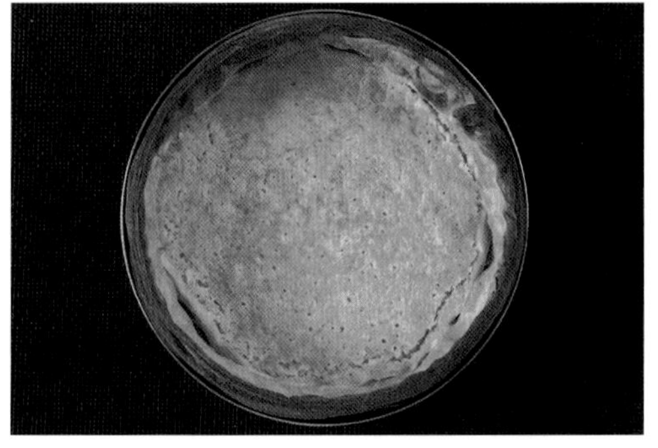

20 放入预热好的风炉烤箱，165℃烘烤约 15 分钟。出炉后，脱模，放置在室温下冷却。

21 料理机中放入草莓果冻，搅打至顺滑无颗粒。

22 在挞内填入 145 克草莓果冻。

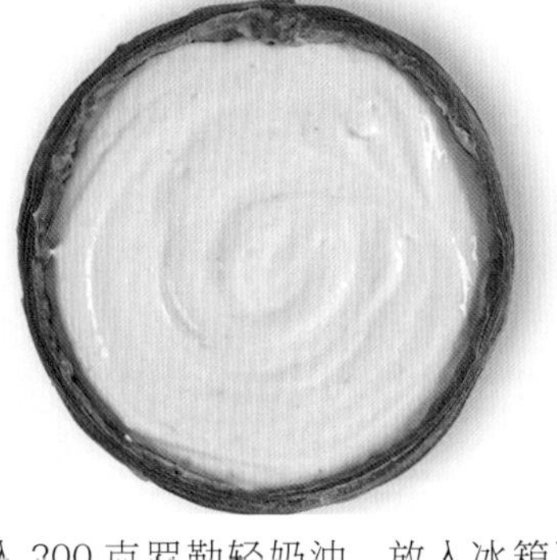

23 填入 200 克罗勒轻奶油，放入冰箱冷藏（4℃）。

24 新鲜草莓去蒂洗净，一部分一切为二，一部分一切为四，少量保持完整。草莓表面都裹上镜面果胶，放在挞上，再放上罗勒叶装饰即可。

◎ 素食蛋奶千层布里欧修挞

素食蛋奶千层布里欧修挞

⊗ 材料（可制作 2 个）

可颂面团（见 P24）400 克

蛋奶馅

淡奶油 180 克
牛奶 180 克
蛋黄 90 克
蛋清 80 克
玉米淀粉 10 克
细盐适量
黑胡椒适量
百里香适量

洋葱酱

洋葱丁 150 克
百里香适量
橄榄油适量
芦笋 150 克
盐少量

注：盐未体现在右图中。

装饰

彩色胡萝卜适量
芦笋适量
彩色圣女果适量
黄瓜适量
酸模叶适量
酸浆草适量
镜面果胶适量

⊗ 做法

制作蛋奶馅

1 单柄锅中加入制作蛋奶馅的全部原材料，加热至微沸。倒入盆中，用保鲜膜贴面包裹，放入冰箱冷藏（4℃）冷却。

制作洋葱酱

2 不粘锅中倒入橄榄油，加热后倒入洋葱丁，翻炒。

3 翻炒至稍微变软后，加入百里香。

4 继续翻炒至洋葱炒软炒香，倒入盆中在室温下放置冷却。

5 单柄锅中加入适量的水、少量的盐和橄榄油，加热至煮沸，倒入斜切的芦笋，再次煮沸过筛，在室温下放置冷却。

6 将芦笋和洋葱搅拌均匀，备用。

组装与装饰

7 布里欧修挞（做法见 P220 的步骤 15 ~ 步骤 18）中倒入 150 克洋葱酱。

8 再灌入 270 克蛋奶馅。放入预热好的风炉烤箱，165℃烘烤约 40 分钟。

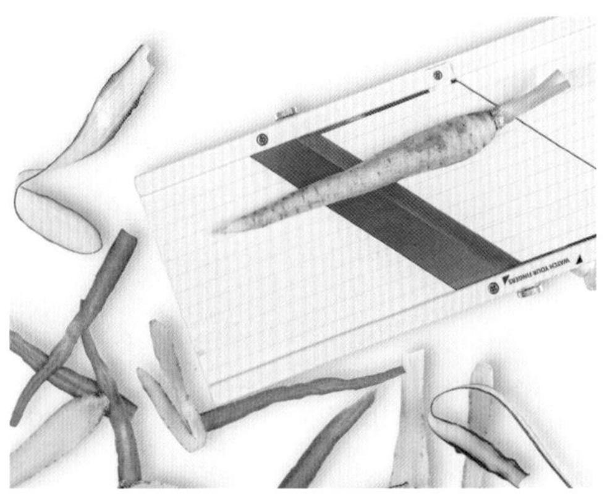

9 将黄瓜、黄色胡萝卜和红色胡萝卜刨成薄片。

10 冰水中加适量盐，将胡萝卜和黄瓜片在冰水中浸泡 3 小时。

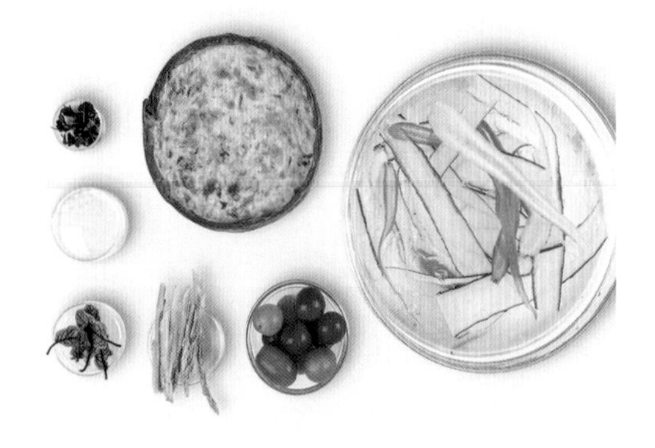

11 准备好布里欧修挞、彩色胡萝卜、焯水后的芦笋、彩色圣女果、酸模叶、酸浆草和镜面果胶。

12 在挞上放上酸模叶、酸浆草和已经裹上镜面果胶的胡萝卜、芦笋、圣女果即可。

◎ 巧克力皇冠

巧克力皇冠

⊗ **材料**（可制作 3 个）

可可味可颂面团

伯爵 T45 中筋面粉 170 克

细砂糖 20 克

细盐 4 克

鲜酵母 7 克

Echiré 恩喜村淡味黄油 33 克

全蛋 9 克

水 99 克

可可粉 29 克

注：可可味可颂面团做法同 P24～26，可可粉在步骤 3 加入。

原味可颂面团

配方见 P24

装饰

耐高温巧克力棒适量

⊗ **做法**

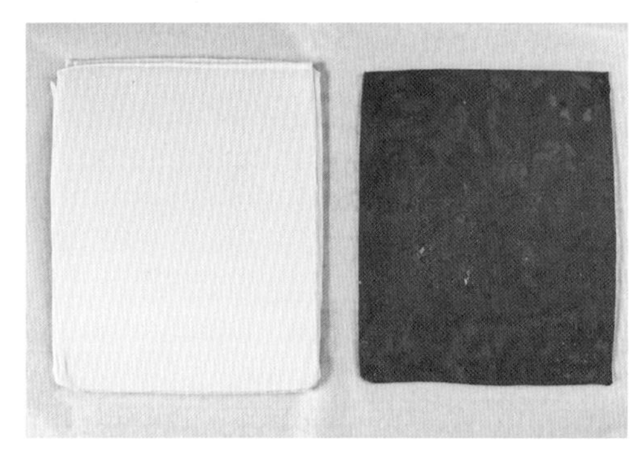

1 将原味可颂面团折一个 4 折（做法见 P24～26 的步骤 1～步骤 12），并擀压成长 30 厘米、宽 25 厘米的面团，将可可味可颂面团也擀压至同样大小。

2 将可可味可颂面团贴合在原味可颂面团上。

3 将贴合好的面团擀压成长 50 厘米、宽 26 厘米。

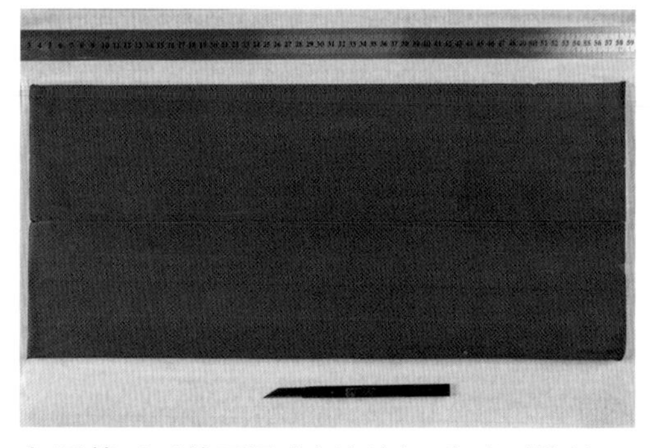

4 用美工刀从面团中间切割，分成两块长 50 厘米、宽 13 厘米的长方形。

5 将其中一块面皮翻面。

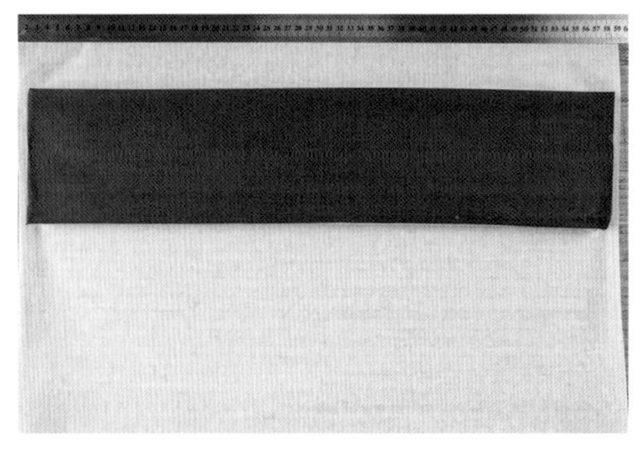

6 将两块面皮贴合，可可味可颂面皮在外侧。

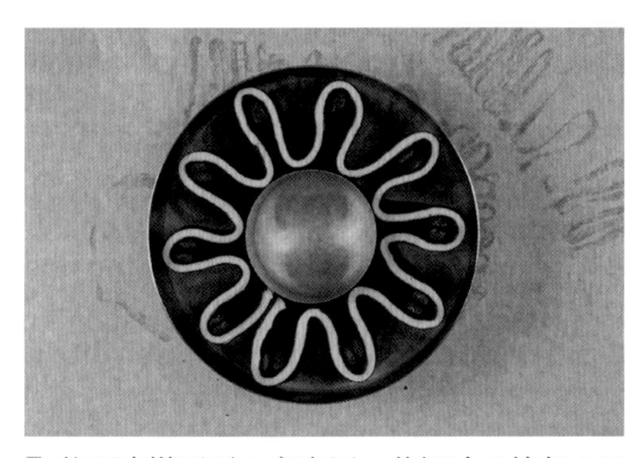

7 将面皮擀压至 4 毫米厚，裁切成 3 块长 140 厘米、宽 4 厘米的长方形，将 1 块面皮折叠放进模具中（外圈为直径 18 厘米的圆形模具，内圈为直径 6.5 厘米的圆形模具），并在面团折叠处放上 2 根耐高温巧克力棒（如图）。

8 放入醒发箱（温度 28℃，湿度 75%）醒发约 120 分钟。

9 醒发好后转入风炉烤箱，170℃烘烤 16 ~ 18 分钟即可。

◎ 黑白棋盘

黑白棋盘

材料（可制作 4 个）

原色可颂面团

配方见 P24

黑色可颂面团

伯爵 T45 中筋面粉 1000 克
细砂糖 120 克
细盐 20 克
鲜酵母 40 克
Echiré 恩喜村淡味黄油 30 克
全蛋 50 克
水 420 克
Echiré 恩喜村淡味片状黄油 500 克
竹炭粉 10 克

注：黑色可颂面团做法同 P24～26，竹炭粉在步骤 3 加入。

杏仁奶油

杏仁粉 360 克
糖粉 360 克
Echiré 恩喜村淡味黄油 360 克
伯爵 T45 中筋面粉 28 克
全蛋 220 克
人头马白兰地 50 克

做法

制作杏仁奶油

1 将制作杏仁奶油的所有材料放入破壁机中混合搅打。

2 搅打至细腻无颗粒无干粉的奶油状。

3 在边长 14 厘米的正方形模具中填入 300 克杏仁奶油，将表面刮平整。

4 放入风炉烤箱，160℃烘烤 13～15 分钟，出炉时表面金黄上色即可。

整形

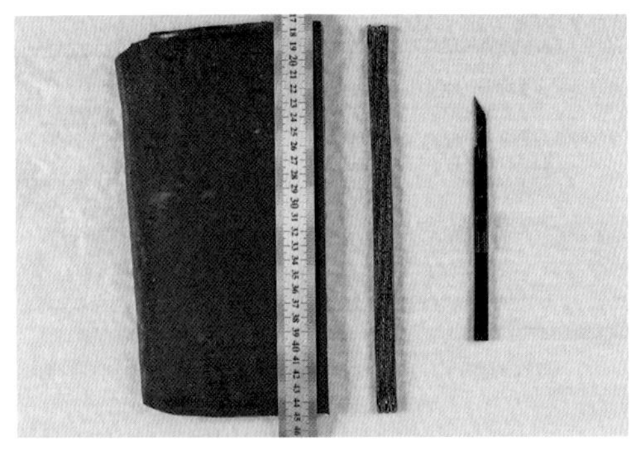

5 将折过一次 3 折和一次 4 折的黑色可颂面团擀压成边长 25 厘米的正方形，使用美工刀切割成宽 5 毫米的长条备用。

6 将折过一次 3 折和一次 4 折的原色可颂面团也擀压成边长 25 厘米的正方形，使用美工刀切割成宽 5 毫米的长条备用。

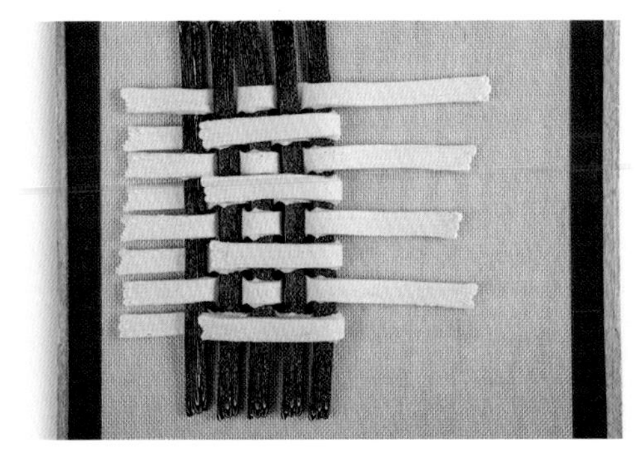

7 将长条原色可颂面团由上至下依次摆放 8 根，再将由上至下的第 2、4、6、8 根原色可颂面团拉起。

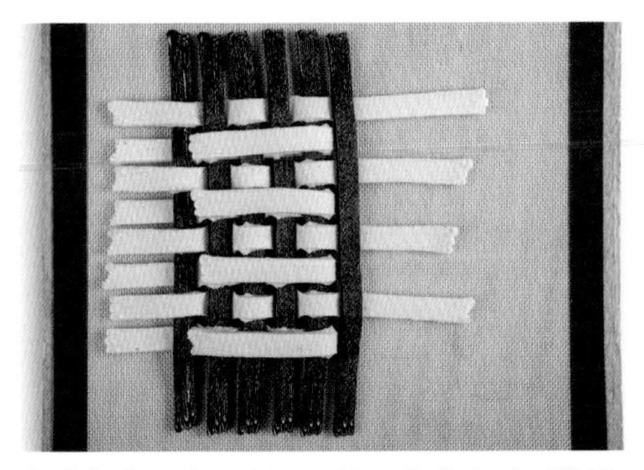

8 将长条黑色可颂面团放置在由上至下的第 1、3、5、7 根原色可颂面团上。

9 将由上至下的第 2、4、6、8 根长条原色可颂面团放下，此后依次使用此方法编织面团，直至编入 7 根长条黑色可颂面团。

10 将烤好的杏仁奶油切割成边长 12 厘米的正方形，放在步骤 9 编织好的面团上。

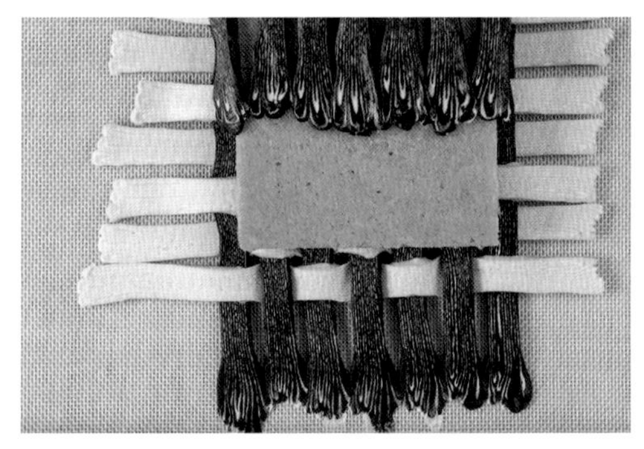

11 使用擀面杖将面团边缘部分擀压扁，方便粘连。

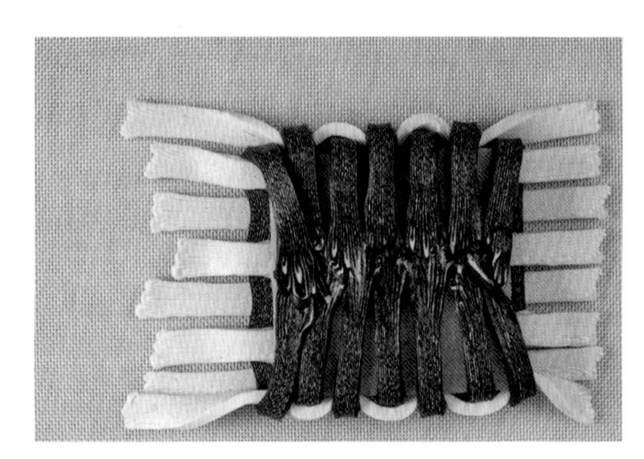

12 将两端长条黑色可颂面团向中间拉扯粘连。

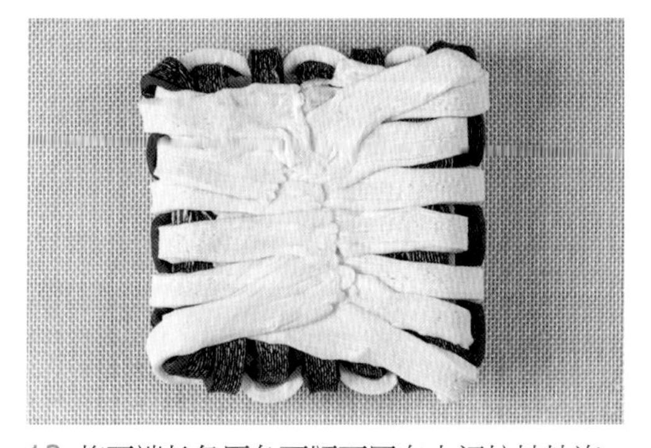

13 将两端长条原色可颂面团向中间拉扯粘连。

14 将编织好的面团翻面，放入烤盘中，放入风炉烤箱，170℃烘烤 25 ~ 30 分钟即可。

◎ 鲜果时间

鲜果时间

材料（可制作 2 个）

可颂面团
配方见 P24

树莓果酱
配方见 P133

茉莉卡仕达酱
配方见 P180

茉莉轻奶油
配方见 P180，增加为 2 倍用量

干焦糖
配方同 P145 咸焦糖粉

装饰
草莓适量
蓝莓适量
树莓适量
镜面果胶适量

做法

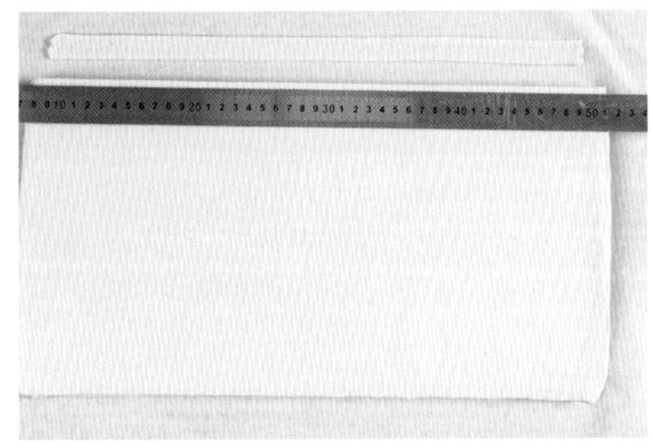

1 将可颂面团折一个 3 折和一个 4 折（见 P24～26），并擀压成长 40 厘米、宽 25 厘米，使用美工刀沿边切割成宽 5 毫米的长条备用。

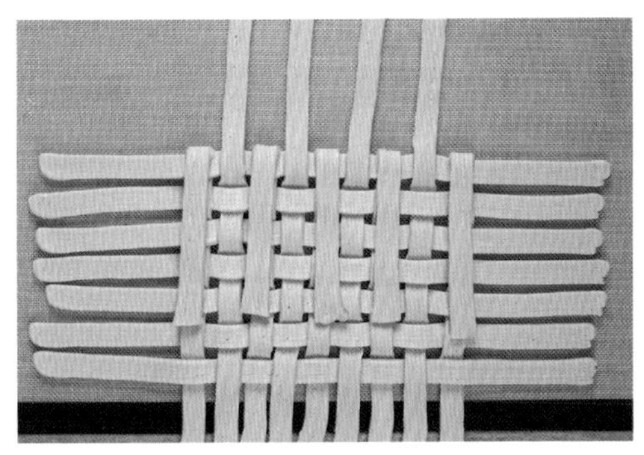

2 将长条可颂面团由左至右依次摆放 9 根，将由左至右的第 1、3、5、7、9 根长条可颂面团拉起。

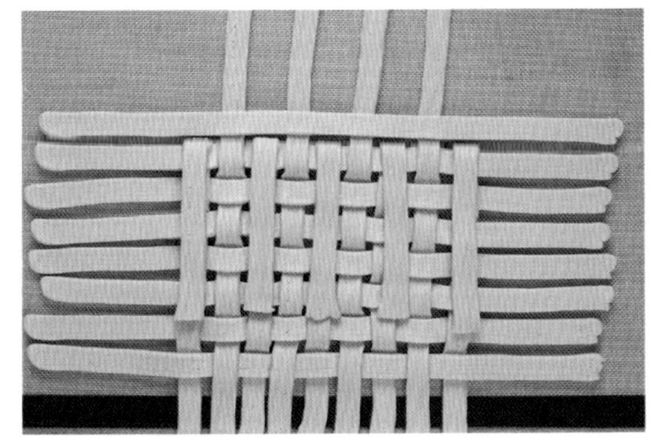

3 将另一根长条可颂面团放置在由左至右的第 2、4、6、8 根长条可颂面团上。

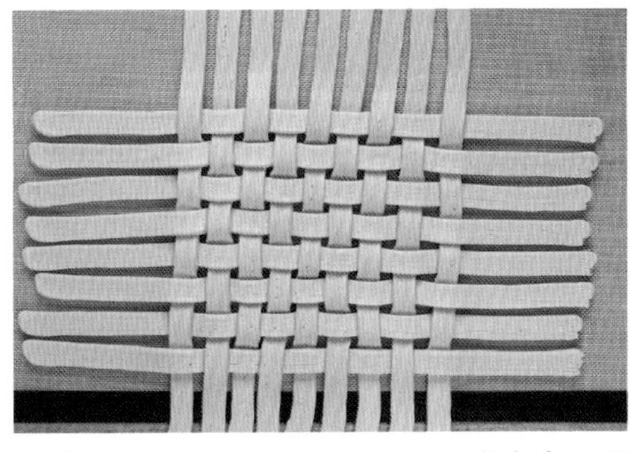

4 将由左至右的第 1、3、5、7、9 根长条可颂面团放下，此后依次使用此方法编织面团，直至编入 8 根长条可颂面团。

5 使用直径 20 厘米的圆形模具将编织好的面团刻成圆形。

6 准备一个直径 15 厘米、高 7 厘米的不锈钢盆作为模具。

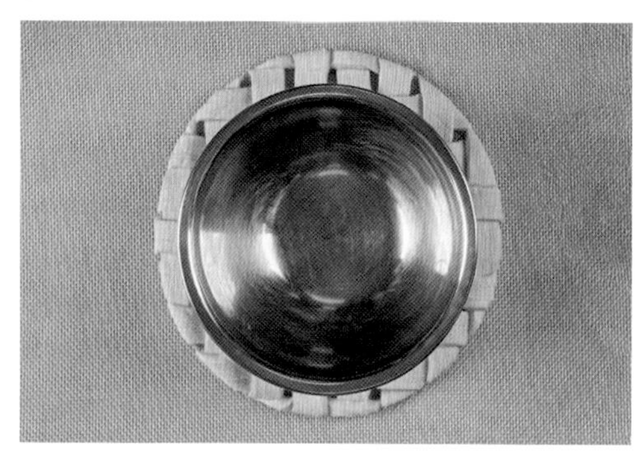

7 将不锈钢盆放置在面团正中央。

8 将面团和不锈钢盆同时倒置，使面团盖在不锈钢盆背面。放入风炉烤箱，170℃烘烤 20~25 分钟。

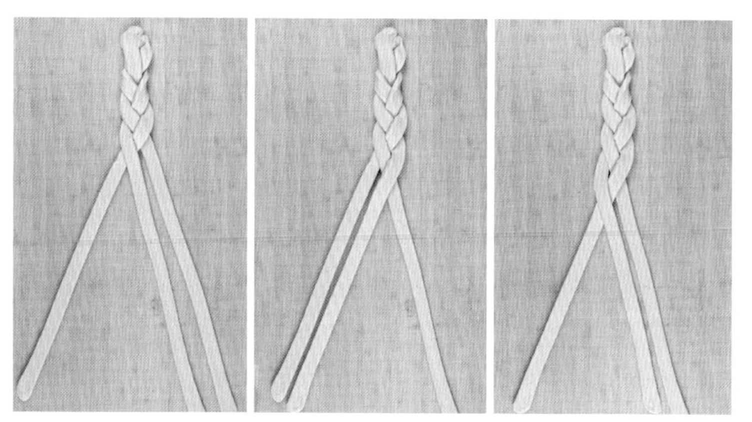

9 取出 3 根长条可颂面团，像编三股辫一样编织长条可颂面团。

10 将编织完的面团两头按压贴合。

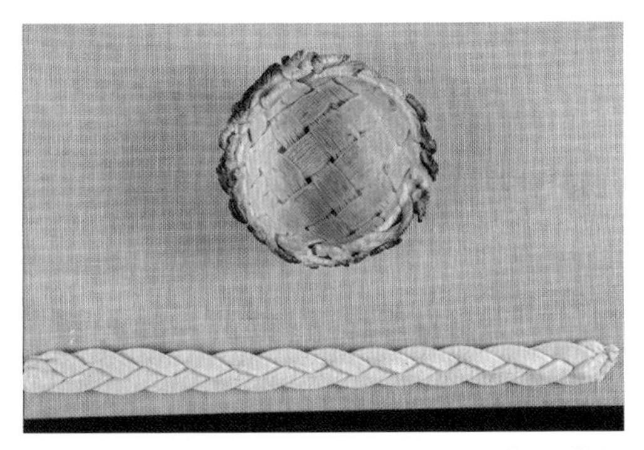

11 将步骤 10 编织完成的面团适当拉扯，使其长度和步骤 8 烤好的盆状可颂的周长一致。

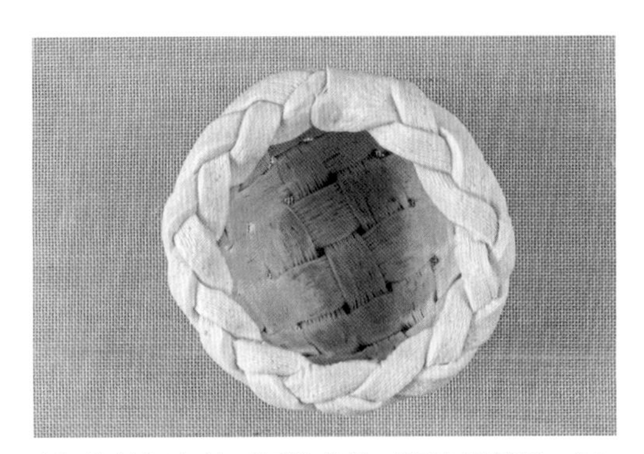

12 将编织完的面团沿盆状可颂边缘缠绕一圈，继续放入风炉烤箱，170℃烘烤 20～25 分钟。

13 取出一个直径 18 厘米的圆形模具，再按照步骤 9 的方法根据模具周长编织一条“三股辫”面团。

14 将面团放入模具内侧，放入风炉烤箱，170℃烘烤 20～25 分钟，烤好后取出脱模，戴手套将其掰开定形成 U 形，制成果篮把手。

15 打发好的茉莉轻奶油装入带有裱花嘴（型号：SN7066）的裱花袋中；树莓果酱搅拌顺滑，装入裱花袋中。

16 在盆状可颂中挤入 150 克茉莉轻奶油。

17 在茉莉轻奶油中间挤入 70 克树莓果酱。

18 再挤入 150 克茉莉轻奶油至盆状可颂九分满处。

19 准备一份干焦糖（做法见 P146 的步骤 7），并将果篮把手接口处修平整。

20 使用干焦糖将果篮把手和盆状可颂黏合。

21 将新鲜水果（草莓、蓝莓和树莓）洗净晾干。

22 将新鲜水果放入果篮中摆满，并点缀适量镜面果胶装饰即可。

彭程老师已出版作品

中国人自己写的法甜书，洞悉亚洲人的口味特点！

浓缩面包技法精华，助力烘焙人养成面包必修技！

PÂTISSIÈRES
BOURGEOIS
Moulins Bourgeois
77510 Verdelot - France
T45
Farine de blé
Certipaq
Engagement
QUALITÉ
BOURGEOIS
25 KG
Moulins Bourgeois
百年磨坊 忠于传统
Avec une histoire de plus de 100 ans, notre moulin est fidèle à la tradition.